美容化學家
かずのすけ／著
童小芳／譯

前言

誠摯感謝各位閱讀本書。恕我冒昧地自我介紹，我是本書的作者かずのすけ（Kazunosuke）。我曾經營一個有點特殊的部落格，主要是以「化學」的角度來解說美容與彩妝保養品。

我的部落格的讀者主要是女性，尤其以30～40歲左右的人最多。開始對美容與彩妝保養品產生興趣的年齡，高峰應該落在25歲前後，究竟是什麼原因造成這種年齡層的落差呢？

我推測應該是因為輕熟女都是先經歷過一段「反正先把市面上的人氣美容方式與彩妝保養品都試過一輪再說」的過渡期，之後才開始定期追蹤我的部落格吧。「幾年來仰賴來自電視、雜誌、SNS（網路社交平台）等的資訊，多方嘗試後的結果總是不盡人意……」這樣的人渴求關於彩妝保養品與美容的真實資訊，在網路上不斷遊走之後才找到我的部落格。閱覽過我的部落格文章的多數讀者無不異口同聲地說：「真希望早點知道這些！」並為自己一直以來在肌膚護理或美容上犯的錯而感嘆不已。

比方說，「肌膚愈保濕愈好」、「有機美妝品有益於敏感肌」等，**如今這類美容資訊幾乎已成為常識，但實際上大部分都可以說是沒有科學根據的錯誤資訊**。近年來「自稱敏感肌」的人數大量攀升，原因無他，就是因為有很多人在一無所知下深信這類錯誤的資訊，於是每天不斷地傷害肌膚。

大多數人都不明白，只要掌握正確知識並確實做好肌膚護理就能變美，比至今為止的方式簡單得多，既省時又省錢。反之，正因為不了解這點，一直以來在美容上投注大量的時間、金錢和工夫，非但絲毫沒有變美，還得經常煩惱面皰、毛孔、斑點、乾燥等皮膚粗糙的問題，有比這還要可惜的事嗎？這種錯誤現象我實在不樂於見到。

話說回來，本書中會不斷出現「那樣不行！」、「這樣也不好！」之類的提醒，頻率高到令人不禁心想：「也太多禁忌了吧！」相較之下，「這樣很好」的內容比重偏低。雖然寫這種書會收到「什麼都不行，根本令人無所適從！」的意見，但是會產生這種想法本身，不就是受到業界戰略荼毒頗深的證據嗎？畢竟也有不少業者會讓消費者深信「如果不經常做點什麼，肌膚會漸漸衰老……」藉此讓人購買沒有特別需要的彩妝保養品。

追根究柢，現在的輕熟女實在做了太多「無謂的努力」了。因此，有很多人光是從今天起全面停止這些無效的美容，就能變得比以前更為美麗動人。

根本沒必要再補足些什麼，總之先「停止」即可。只要全面去蕪存菁，剩下的肌膚護理真的很單純，或許有人會焦慮地心想：「這樣真的就夠了嗎？」但是肌膚本來單靠自身的機能就足以保濕，可以維持美麗的狀態。利用彩妝保養品從外部所能做的事，並不如大家想的那麼多。

綜合以上稍嫌冗長的開場白，更具體來說該怎麼做？如何選擇？如何避免？詳細方法在本文中皆有闡述。**「需具備化學知識嗎？」沒有當然也無妨**。本書內容淺顯易懂、簡單有趣又帶點搞笑，如果大家能從中學習美容學，成為不會受到錯誤資訊迷惑的「真正美麗動人的輕熟女」，我會深感榮幸。

CONTENTS

前言……2

第1章 打造美肌不可不知的肌膚護理

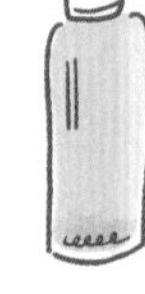
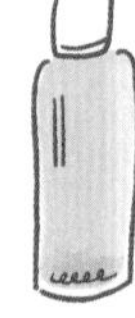

「無添加」對皮膚不見得比較溫和！……12
無添加美妝品與合成物質的實態……14
當心反向操弄「彩妝保養品基準」的「不含防腐劑」產品……16
靠美白保養品，肌膚是不會變白的……18
肌膚變黑不光是因為紫外線！……20
美白效果的真相與肌膚的新陳代謝……22
只要了解這些就萬無一失！美白成分的3大分類……24

合成界面活性劑真的是壞東西嗎？……26
彩妝保養品是由3要素構成……28
界面活性劑的毒性會因類型不同而迥異！……32
有機美妝品才有毒的真相……34
「合成」的香料比「天然」的更純粹……36
「植物精華」與「精油」的差異在此……38
大部分的肌膚問題都該懷疑是因為「清洗過度」……40
實現美肌的洗面乳挑選守則……42
皂類的洗淨力和刺激性都很強烈……44
皂類究竟是何方神聖？……46
皂類的缺點比優點還多……48
手工美妝品應視為可疑物品並高度戒備……50
使用吸附髒汙型的洗面乳會淪為「內部缺水肌」!?……52
酵素洗顏產品會破壞「肌膚屏障」……54
可食用的東西塗在肌膚上也好放心……才沒這回事！……56
油有分「食品級」與「彩妝保養品級」……58
比起卸妝乳，「卸妝油」才是正解……60

不同種類的卸妝品特色……62
油脂卸妝品萬無一失的選擇方法……64
保養品不會「滲透」↓大半成分都是無效的……66
保養品的「滲透」及其效果之真相……68
「滿滿化妝水♪」只是苦了肌膚、瘦了荷包……70
防止化妝水蒸發的「防護膜」並非必要……72
洗臉後的保養基本上只要這些就OK……74
務必事先掌握的彩妝保養品成分100選……76

第2章 適合輕熟女的進階護理

自來水對肌膚有何種程度的不良影響?……80
油其實是無法「保濕」的……82
油的種類與各自的優缺點……84
「100%原液」是誇大之詞!
當心「原液推銷手法」……86
「無所作為的肌膚護理」值得挑戰嗎?……88
卸妝品比「美容液」更值得投資……90
かずのすけ推薦的美容成分清單……92
かずのすけ認為可惜的美容成分清單……93
過於低廉的彩妝保養品裡暗藏可怕的玄機……94
彩妝保養品的價格與效果成正比嗎?……96
殺菌劑會讓痘痘肌逐漸深陷泥沼……98
事先理解面皰形成的機制……100
一旦依賴面皰藥,抹過藥的部位還會再復發!?……102
依案例區分,面皰的正確治療法……104
在皮膚科取得的保濕劑
不該充當美妝品使用……106
面膜的刺激性勝過效果!?……108
粉刺護理愈做愈會形成「草莓鼻」……110

形成粉刺的原因在於對肌膚的刺激！……112
對付草莓鼻的私藏妙招……114
過度使用抗老化產品，年紀輕輕就變歐巴桑肌!?……116
皺紋與鬆弛的原因何在？……118
皺紋與鬆弛能憑藉彩妝保養品來改善嗎？……120
我們能做的抗老化對策有哪些……122
香料有囤積體內並引發過敏的風險……124
香料引發過敏的原因……126
「黑眼圈」美白也是白搭！改善的提示藏在洗臉中？……128
粉底果真對肌膚不好嗎？……130
礦物粉底vs一般粉底的徹底比較……132
如何選擇對肌膚溫和的粉底……134
防出油脫妝的妝前乳會讓膚況逐漸變差……136
防出油脫妝的妝前乳之缺點……138
不易脫妝卻能快速卸妝，妝前乳（&粉底液）的選擇訣竅……140
把嬰兒爽身粉當化妝粉使用會導致痘痘肌!?……142
防曬品的用法左右著數十年後的肌膚……144
全面認識紫外線&防曬品的基礎知識講座……146
關鍵在於分別運用紫外線吸收劑or反射劑……148
抗紫外線劑一覽表……150
醫藥外用品的有效成分一覽表……151
染色劑會對肌膚造成影響嗎？……152
BB霜並非萬能的美妝品……154
KAZUNOSUKE COLUMN 1
彩妝保養品該保存於何處？……156

第3章
適合輕熟女的頭髮&身體護理

剛洗完澡的身體本來是不需要保濕劑的……158

光是泡澡就能洗除身體大部分的髒汙……160

- 採循序漸進的方式降低沐浴乳的洗淨力……162

碳酸美妝品幾乎都是「假貨」，毫無效果！……164

入浴劑終歸只是療癒商品……166

去角質搓出來的「屑屑」才不是角質！……168

- 去角質的原理為何？……170

打造滑嫩腳掌不需要乳霜或輕石……172

- 打造如嬰兒般滑嫩腳掌的訣竅……174

美肌女子的最愛是肉♡葡萄酒♡咖啡！……176

- 該攝取的營養素是蛋白質&多酚……178

使用瘦身型美妝品，緊實的不是身體而是皮膚!?……180

美顏器的實情謎團重重……182

對敏感肌而言，永久除毛才是最理想的除毛手段……184

- 毛剃了會變粗？除毛知識小整理……186

維生素C的攝取之道為「營養補給品」而非「點滴」……188

化學物質侵入體內的「經皮毒」之真相……190

- 經皮毒幾個常見的誤解……192

不用洗髮精，光靠溫水就能沖掉頭髮髒汙!?……194

以「無矽靈為傲」的洗髮精最碰不得……196

- 事先掌握哪些洗髮精應避而遠之……198
- 洗髮精的正確選法……200

在美髮店整髮後，應當拒絕高額護髮！……202

- 染髮、燙髮、縮毛矯正後的NG行為彙整……204

頭髮的損傷雖然無法「修復」卻可以「修補」……206
可透過使用方式減輕吹風機的傷害！……208
守護頭髮隔絕吹風機熱能的免沖洗護髮品……210
維護頭皮的健康，油或卸妝品通通不需要！……212
KAZUNOSUKE COLUMN 2
掉髮量增加肇因於洗髮精？……214

第4章 該選擇哪一種？正確的肌膚護理

卸完再洗VS只卸不洗 哪種做法好？……216
早上只用溫水洗臉VS早上也用洗面乳確實洗臉 哪種做法好？……218
起泡網VS容易起泡的洗面乳 使用哪種好？……220
手VS化妝棉 塗化妝水時使用哪一種好？……222
洗臉要以冷水作結VS直到最後都用溫水 哪種做法好？……224
一般防曬品VS抗長波UVA的防曬品 選擇哪一種好？……226
日本美妝品VS國外美妝品 選擇哪一種好？……228
結語……230

第1章

打造美肌不可不知的肌膚護理

首先來學習肌膚護理的基礎吧。
你是否每天在肌膚上塗塗抹抹，
實際上卻不了解詳細成分，
也不清楚有什麼效果呢？

「無添加」對皮膚不見得比較溫和！

我都是使用無添加產品呢～
討厭加了不明物質的產品。

散發出自己保養周到的優越感

瞧不起人的眼神

喀什米爾羊毛衫

MUTENKA

不著痕跡地展現自己的愛用品

指定購買無添加美妝品的女子

特徵

- 以有無添加物作為挑選彩妝保養品的基準
- 目標是對自然環境友善的天然生活
- 午餐是手作便當

DATA

最愛無添加

美白度：★★☆
滋潤度：★★☆
抗化學物質：★★★

※舊標示指定成分：指103種可能引發皮膚過敏等問題的成分，日本自1980年起，廠商有義務在彩妝保養品上加以標示。現今制度已變更，變成必須標示全部的成分。

NG的肌膚護理

過度信任無添加，便正中彩妝保養品公司下懷！聰明的消費者看的是「本質」

Check 1

主張無添加就先贏得了好感！但不保證對肌膚是溫和的

據說在近年掀起的「脫化（擺脫化學）」熱潮中，**以「無添加」為基準來挑選彩妝保養品**的女性日益增加。然而，即便是無添加的彩妝保養品，容易刺激皮膚的商品仍然很多。

主要是因為對於自稱是無添加的彩妝保養品，並**沒有明確的規則可依循**。無論是香料也好，染色劑也罷，只要未添加任何一種特定成分（實際上主要是指舊標示指定成分※），即可宣稱是無添加。換言之，**大部分的彩妝保養品都稱得上是無添加**。

Check 2

「天然成分」的內容也是化學物質「合成成分」的原料也是天然成分

看到包裝上寫著「１００％無添加」等字樣的彩妝保養品，就以為「零化學物質對肌膚很溫和吧♪」，這是一種誤解。**這世上沒有一樣東西不含化學物質**。舉例來說，水就是結構為「H_2O」的化學物質。同理，像植物油這類的天然成分，實際上也是多種化學物質的複合體。

另一方面，**人類無法從無到有製造出任何「合成物質」**。就連合成的界面活性劑或是防腐劑，其原料也是天然成分。

 かずのすけ格言 天然與化學互為表裡。

無添加美妝品與合成物質的實態

- 只要沒有加入任何一種舊標示指定成分，即可宣稱是「無添加彩妝保養品」。
- 就連「天然成分」的內容物也是大量的化學物質。不能憑天然or合成此一基準來評價彩妝保養品。
- 所有「合成物質」都是用天然原料製作而成的。任何彩妝保養品都是「100%天然萃取」。

CHECK 1

所有合成物質都是以天然成分為基礎

化學合成物質並非人類從無到有製造出來的。其原料都是天然成分，幾乎沒有例外。界面活性劑、防腐劑、香料、染色劑、紫外線吸收劑等全是如此。帶有刺激性而臭名昭彰的界面活性劑「月桂基硫酸鈉」（詳見93頁），原料就是以椰子油為基底的脂肪酸。而「矽靈」

「天然」、「合成」與「天然萃取」的差異

這三者皆是彩妝保養品的成分。事先理解各個詞彙的差異，在挑選商品時即可派上用場。

天然成分

指從天然物質萃取後，未經任何加工的成分。然而，即便是天然物質也未必溫和無刺激。

合成成分

以天然萃取物為原料，進行微生物發酵或是與其他化學成分產生反應所製成的成分。

天然萃取成分

以天然萃取物為原料製成的成分。換句話說，只要「原料」是天然物質，即便是合成界面活性劑也能稱為「天然萃取」。然而世上所存在的成分都是以天然原料製成的，即便是合成化合物也沒有例外。「石油」也算是優異的天然原料。

可別因為「100%天然萃取」這種廣告文宣而上當！

（詳見197頁）的原料則是礦物。

CHECK 2

有什麼添加物是必須避而遠之的？

無香料、無染色、無防腐劑等等……。這些的重要性應該是依個人膚質或喜好而異。然而，「香料」有時會引發過敏，「礦物油」則會導致乾澀，成分比例較高時必須特別留意。「染色劑」與「酒精」對敏感肌的人也有致敏風險，因此成分比例較高的產品能免則免。

當心反向操弄「彩妝保養品基準」的「不含防腐劑」產品

- 日本販售的彩妝保養品基本上都有「未開封可保存3年以上」的防腐設計。如若不然，則須標示出使用期限。
- 彩妝保養品中的「防腐劑」，單指「彩妝保養品基準」中所規定的特定成分。
- 若是以彩妝保養品基準以外的成分進行防腐處理，則可宣稱是「不含防腐劑」。然而成分比例&刺激性往往會增加。

CHECK 1

使出密技就能輕鬆宣稱「不含防腐劑」

由於消費者的接受度高，因此想標榜「不含防腐劑」的彩妝保養品製造商不在少數。

方法非常簡單。日本所稱的防腐劑，單指「彩妝保養品基準」中所規定的成分。但是其他具防腐效果的成分多不勝數，只要使用那些成分即可自稱是不含防腐劑。

彩妝保養品基準中規定的防腐劑

日本所說的「防腐劑」，單指彩妝保養品基準中規定的成分。同時也針對各種成分的刺激性強弱制定了濃度上限。

「對羥基苯甲酸酯」與「苯氧乙醇」這類成分的刺激性較低，因此准許調配的比例是最高的。濃度上限較低的成分，相對來說是刺激性較強的防腐劑。此外，即使註明「不含對羥基苯甲酸酯」，說不定是另外添加了刺激性更強的防腐劑。

成分名稱	最大濃度（%）
苯甲酸	0.2
水楊酸	0.2
三氯沙	0.1
對羥基苯甲酸酯類	1
苯氧乙醇	1
異丙基甲基酚	0.1
苯扎氯銨	0.05
三氯卡班	0.3
檜木醇	0.1
匹賽翁鋅	0.01
吡羅克酮乙醇胺鹽	0.05
碘丙炔醇丁基氨甲酸酯	0.02
甲基異噻唑啉酮	0.01

（主要用於肌膚護理）

CHECK 2

添加一般防腐劑反而較令人安心

不含防腐劑卻沒有明載使用期限的彩妝保養品，都是利用「彩妝保養品基準」以外的成分來進行防腐處理。其中也有精油或殺菌劑等刺激性強的成分。雖然也有乙醇這類比較令人安心的成分，但是調配濃度必須夠高才具防腐效果，因此刺激性往往比一般防腐劑還強。

かずのすけ語錄

不含防腐劑是一種話術！一般防腐劑較為理想。

靠美白保養品，肌膚是不會變白的

瘋狂美白的女子

特徵

- 「美白」是現在最感興趣的事
- 想忘掉學生時期曾是黑炭臉一事
- 帽子＆太陽眼鏡＆手套是必需品

DATA

就是要美白！

美白度：★★☆
滋潤度：★☆☆
商品忠誠度：★★★

美白並不等於肌膚變白！「以美白為首選」肯定要吃虧

Check 1

美白保養品的效果在於「預防」。肌膚幾乎不會變白！

大家使用美白保養品後，曾經真實感受到「皮膚變白了！」這麼明顯的效果嗎？

恐怕多數人都不曾有過吧。這是當然的。畢竟所謂的「美白」，本來就**不是讓肌膚變白的意思**。

美白的原意是指**「預防」紫外線造成膚色變化**。美白保養品並非讓肌膚變白或是消除斑點的產品。頂多只有預防斑點與膚色暗沉，或是讓曬黑的皮膚加速復原的效果。

Check 2

肌膚有時會因強效美白成分而變粗糙，甚至是變黑！

效果好的美白成分刺激性也較強，隱含著讓肌膚變粗糙等風險。

肌膚一旦受到刺激，就會為了自我防禦而製造出「麥拉寧色素（Melanin）」，含有此物質的角質有時會殘留在肌膚表層。換句話說，使用強效的美白保養品，有時會因刺激而導致含有麥拉寧色素的角質增加，**反而形成斑點或暗沉**。尤其敏感肌的人對刺激格外敏感，麥拉寧色素也容易產生反應，須特別留意。如果要用這類產品，**選擇具有預防斑點的成分即可**。

かずのすけ格言　美白保養品的效果與刺激是成正比的。

肌膚變黑 不光是因為紫外線！

- 肌膚一旦受到紫外線等刺激，就會製造保護皮膚的「麥拉寧色素」而變黑。
- 任何肌膚刺激（紫外線、彩妝保養品的刺激成分、摩擦等）都會產生麥拉寧色素，使肌膚變黑。
- 肌膚表層的麥拉寧色素是位於「表皮整體」之中。光是剝離表層的角質是不會變白的。

CHECK 1

肌膚變黑肇因於所有的「肌膚刺激」

肌膚受到紫外線等刺激，就會製造出一種「麥拉寧色素」。麥拉寧色素氧化後會變黑，進而形成斑點或暗沉。

不光是紫外線，強效的彩妝保養品或手的摩擦也會刺激肌膚。肌膚受到刺激就會生成麥拉寧色素，有時會因而變黑，要特別留意。

肌膚變黑的機制

一旦受到紫外線等刺激，位於肌膚基底層的「黑色素細胞」就會生成「麥拉寧色素」。在基底層新生的「細胞」，便會帶著麥拉寧色素向上推移至肌膚表層的角質層。這些色素一旦堆積就會形成斑點。只要皮膚的新陳代謝正常，含有麥拉寧色素的細胞遲早會化為角質並剝落；然而麥拉寧色素是存在於表皮整體之中，透過去角質等僅能多少剝離表層的角質，肌膚並不會因此變白。

CHECK 2

對嬌嫩的肌膚來說麥拉寧色素不可少

造成肌膚斑點的元凶「麥拉寧色素」往往容易遭人嫌惡，但其實它是為了保護肌膚免受紫外線等傷害而生成的物質。紫外線是造成肌膚老化的最大因素，而麥拉寧色素可以防止這點，簡直是「天然的抗老化物質」。白人幾乎無法製造麥拉寧色素，因此肌膚才會比黑人或黃種人老化得更快。

かずのすけ語錄

抵禦紫外線或肌膚的刺激，才能有效美白！

美白效果的真相與肌膚的新陳代謝

- 所謂的美白，是指「預防」曬黑或斑點等。靠美白保養品讓肌膚變白……效果可說微乎其微。
- 即使不用保養品，曬黑或是暗沉通常也會隨著「肌膚的新陳代謝」而慢慢變淡。
- 剛塗抹就變白的保養品，效果是暫時性的。不過是「收斂成分」或「白色粉末成分」造成的。

CHECK 1

肌膚暗沉會隨著新陳代謝而復原

人類的肌膚會反覆進行「新陳代謝」，在一定週期內便會新生。因此，只要是健康的肌膚，曬黑或暗沉就算放著不管也會恢復原狀。

即便因為使用美白保養品而感到「肌膚變白了」，也很難嚴謹地判斷究竟是保養品還是肌膚新陳代謝的功勞。

何謂肌膚的新陳代謝

肌膚的「細胞」在皮膚深層的「基底層」生成後，會不斷改變外型並逐漸往上推移。待這些細胞抵達肌膚最外層的「角質層」後，死亡的細胞所形成的「角質」就會被新細胞往上推擠而剝落。細胞像這樣從生成到衰老的一連串週期，即稱為「肌膚的新陳代謝」。

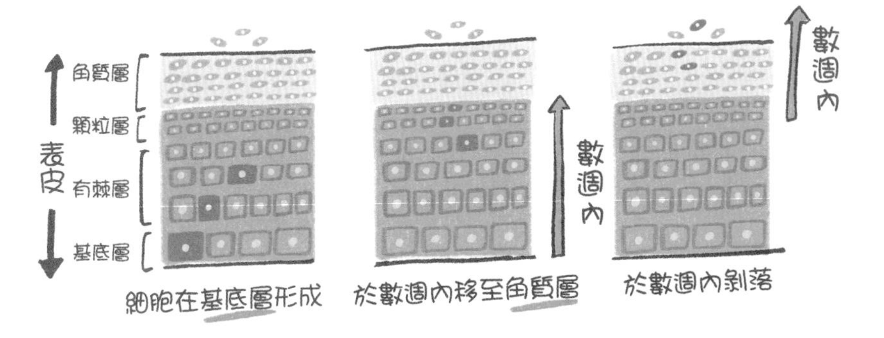

肌膚新陳代謝的週期會有個人差異。一般常說是「28天」，但這終歸是一般論。普遍來說，此週期會隨著年齡增長而拉長，但也有一說主張肌膚新陳代謝的速度不會變慢等，目前仍是眾說紛紜。

CHECK 2

「抹完的瞬間肌膚就變白了！」

——這種保養品的效果只是曇花一現。其中的詭計如下。

①收斂。肌膚是由蛋白質組成的，只要塗抹具收斂作用的蛋白質成分，微血管就會暫時收縮，肌膚便會顯白。

②白色粉末成分。比如防曬品中也有調配的二氧化鈦等成分。換言之，與防曬品的「浮白」現象無異。

かずのすけ語錄

小孩子曬黑後明明什麼也沒抹，仍照樣迅速復原。

只要了解這些就萬無一失！美白成分的3大分類

●防止麥拉寧色素生成的成分（4-n-丁基間苯二酚、熊果素等）⬇作用太強也會對肌膚造成嚴重傷害。

●防止麥拉寧色素氧化・變色並予以還原的成分（維生素C誘導體等）⬇高濃度雖有效，卻伴隨刺激。

●其他（傳明酸、胎盤素等）⬇透過特殊機轉來對付斑點。

CHECK 1

美白成分共有3大類

①【麥拉寧色素生成阻斷型】阻斷製造麥拉寧色素的酪胺酸酶酵素之作用，為預防麥拉寧色素生成的成分。

②【麥拉寧色素還原型】預防既有的麥拉寧色素氧化變黑，並還原膚色的成分。

③【其他】透過特殊機轉來預防麥拉寧色素堆積，或是輔助角質的代謝活性。

美白成分的3大類型

美白成分主要分為3大類，含有如下所列的成分。快來檢視一下自己使用的保養品裡含有什麼成分吧。

主要的作用機制	成分名稱	效果的程度	副作用的程度	備註
阻斷麥拉寧色素生成（阻斷酪胺酸酶的活性）	熊果素	弱	弱	此成分可阻斷酪胺酸酶（促進麥拉寧色素的生成）的活動。雖然具有預防斑點生成的效果，但是無法消除已經形成的斑點。包括熊果素在內的這些成分都不能期望其有短期作用，但長期持續使用可能會有成效。然而此系統中的成分也曾有引發皮膚白斑病變的案例。
	4-n-丁基間苯二酚	中	中	
	麴酸	弱	弱	
	鞣花酸	弱	弱	
	（白樺精萃）	強	強	為佳麗寶的專利成分，因2013年引發的白斑風波而停用。
	（對苯二酚）	強	強	雖未登錄為有效成分，但具有強勁的效果。為美容皮膚科使用的皮膚漂白劑。刺激性與形成白斑的風險很大。
還原麥拉寧色素	L-抗壞血酸	強	強	抗壞血酸（維生素C）具有很強的還原作用，因此讓因為氧化而變黑的麥拉寧色素還原成原狀的效果可期，而且還能抑制麥拉寧色素的氧化。只要濃度夠高，理論上也可以淡化斑點。由於維生素C本身的刺激性強，因此會與其他成分結合，其誘導體化的衍生物可拿來運用。
	3-O-乙基抗壞血酸醚	中～強	中～強	
	抗壞血酸磷酸鈉	中	中	
	抗壞血酸磷酸鎂	中	中	
	維生素C醣苷	弱	弱	能與最多商品搭配的維生素C誘導體，其實際效果一直讓人存疑，偶有報告提出會產生白斑。
其他	胎盤素精華	弱	弱	促進角質代謝等效果可期。其機轉仍無定論。
	傳明酸	弱	弱	對付肝斑的效果斐然。也用於消炎劑。
	腺苷單磷酸	弱	弱	促進角質代謝以排出斑點。
	亞麻油酸脂質體	弱	弱	促進角質代謝。促進酪胺酸酶分解。
	菸鹼醯胺	弱	弱	阻斷麥拉寧色素移轉。
	洋甘菊萃取物	弱	弱	阻斷內皮素的訊息傳遞。

CHECK 2

須留意阻斷麥拉寧色素生成的成分

除了紫外線，所有的「皮膚刺激」都會產生麥拉寧色素，因此刺激性強的美白成分有時會讓肌膚變黑。對於敏感肌來說，維生素C也會造成刺激，使用時請留意。維生素C誘導體的刺激性則較低。

效果最佳的美白方法，就是避免紫外線等一切肌膚刺激。

かずのすけ語錄

效果好的美白都帶有刺激性。預防才是最安全的美白。

合成界面活性劑真的是壞東西嗎？

對界面活性劑反感的女子

特徵

- 堅信界面活性劑是壞東西
- 熱愛咖啡，1天喝3杯
- 多在網路上蒐集資訊

DATA

嚴重的一廂情願

美白度：★☆☆
滋潤度：★★☆
疑神疑鬼度：★★★

「界面活性劑」隨處可見且好處多多。一概視為壞東西就太失禮了！

Check 1

可讓水與油混合的物質全都是「界面活性劑」。連食品中也有！

所謂的界面活性劑，簡單來說就是**「可以混合水與油的物質」**。一個分子裡同時帶有易溶於水的構造（親水基），以及易溶於油的構造（親油基），即稱為界面活性劑。身邊常見的「蛋黃」也是一種界面活性劑。

混合了水分與油分的產品，幾乎都可視為加了界面活性劑。化妝水與乳液自然不用說，咖啡或鮮奶等所有加工食品中都有添加界面活性劑。

Check 2

界面活性劑分為4類。有些種類無刺激性

馬鈴薯芽中所含的「龍葵鹼」，是一種**帶有神經毒的界面活性劑**。這類天然界面活性劑的存在不勝枚舉，但是幾乎都帶有毒性或不純物質，得以實際應用的大概只有**萃取自雞蛋或黃豆的「卵磷脂」**。因此，彩妝保養品大多是使用合成界面活性劑。

界面活性劑的種類繁多，**依性質大致可分為4類**。不同種類的特色也大不相同，有些成分的刺激性強，也有些成分幾乎無刺激性。

かずのすけ格言　少了界面活性劑就無法維持現代文明。

彩妝保養品是由3要素構成

- 所有的液狀彩妝保養品，基本上都是由「水分」、「油分」與「界面活性劑」構成的。
- 化妝水、乳液與乳霜這類保養品的類型，會隨著水分、油分與界面活性劑的比例而異。
- 決定彩妝保養品類型的差異，僅在於水分、油分與界面活性劑的用量不同。成分上並無嚴密的差異。

CHECK 1

任何彩妝保養品基本上都大同小異

一般所謂的彩妝保養品，就是利用界面活性劑混合水分&油分製成的產品。之後再將防腐劑或安定劑等逐一加入其中，這是最基本的作法。化妝水與乳液這類基礎保養品自然不用說，洗面乳、卸妝品、沐浴乳，還有洗髮精和護髮品等，也是以相同成分構成的。

彩妝保養品的基本成分

液狀彩妝保養品是由水分、油分與界面活性劑所構成的。所謂的水溶性成分與油性成分，指的是以下的物質。

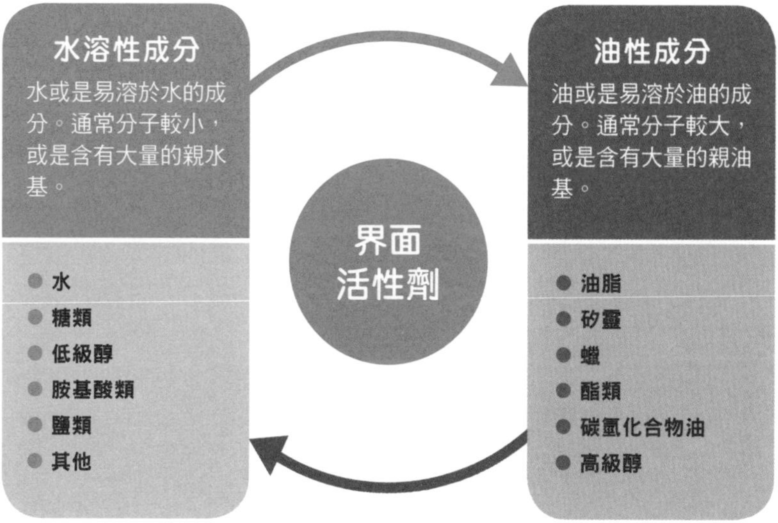

水溶性成分

水或是易溶於水的成分。通常分子較小，或是含有大量的親水基。

- 水
- 糖類
- 低級醇
- 胺基酸類
- 鹽類
- 其他

界面活性劑

油性成分

油或是易溶於油的成分。通常分子較大，或是含有大量的親油基。

- 油脂
- 矽靈
- 蠟
- 酯類
- 碳氫化合物油
- 高級醇

CHECK 2

化妝水一經調整就變身成洗髮精!?

決定彩妝保養品型態的，是水分、油分與界面活性劑的比例，而非成分上的差異。

化妝水的9成以上都是水分，只要增加界面活性劑就會變成洗髮精。在這個組合成分中再增加油分，即可製成洗面乳。乳霜則是以較高比例的水分與油分予以混合，再利用界面活性劑乳化而成的產物。

かずのすけ語錄

和化妝水成分差異不大的乳液也隨處可見。

彩妝保養品的構成比例

彩妝保養品的型態會因界面活性劑的濃度、水與油的比例而變化。在成分上並無明確的定義。

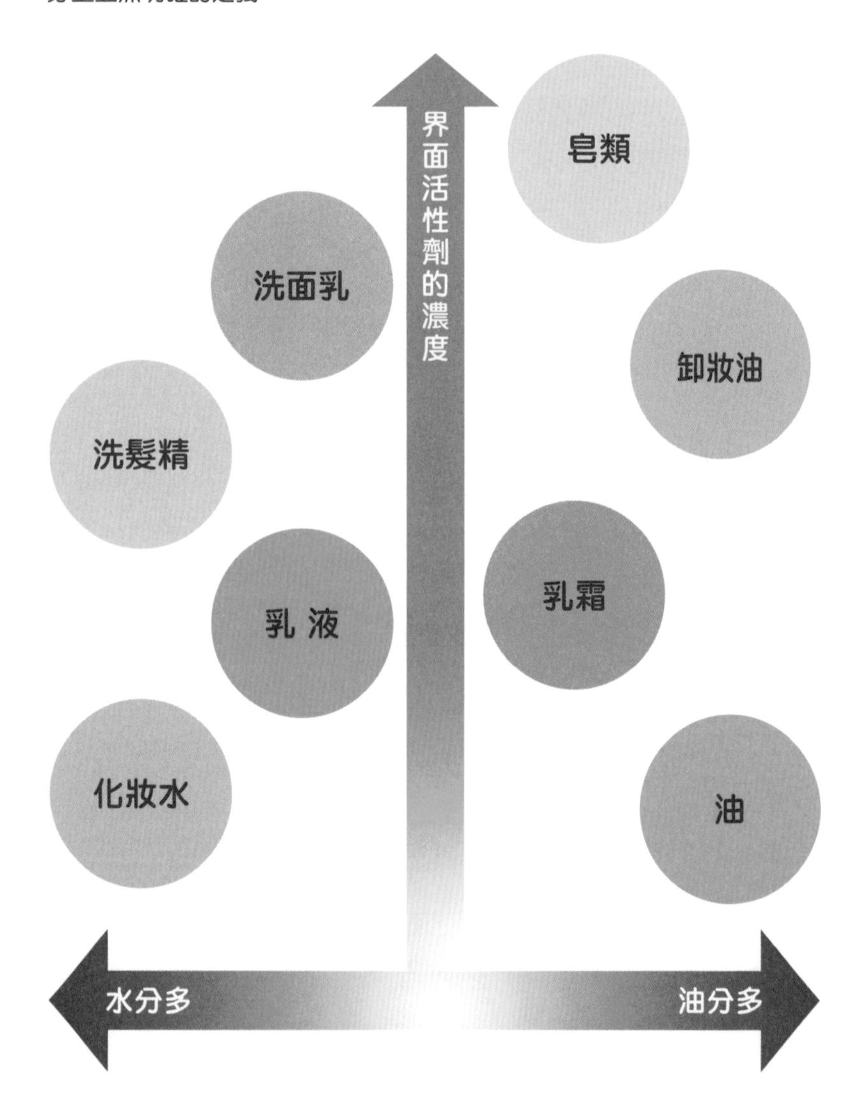

彩妝保養品是由3要素構成

每一種彩妝保養品所含的水分、油分與界面活性劑的比例如下所示。改變比例即可製成不同的產品。

商品	水	油性成分	水溶性成分	界面活性劑	其他
幾乎都是水分 **化粧水**	90%	-	5～10%	0～2%	1%左右
僅於水中添加少量油分 **乳液**	80～90%	1～5%	5～10%	0～5%	1%左右
於水中添加大量油分 **乳霜**	30～50%	10～30%	5～10%	1～10%	1%左右
幾乎都是油分與界面活性劑 **卸妝油**	-	80%以上	-	15～20%	1%左右
幾乎都是水與界面活性劑 **洗髮精**	70～80%	1%左右	1～5%	10～20%	1%左右
幾乎都是水與油分 **護髮品**	70～80%	10～20%	5～10%	1～5%	1%左右

界面活性劑的毒性

- 界面活性劑可以大致分為「陰離子型」、「陽離子型」、「兩性離子型」與「非離子型」4大類。
- 塗抹於肌膚上的彩妝保養品，使用的主要是無刺激性的「非離子型」，因此基本上可以安心。
- 具洗淨作用的「陰離子型」與具柔軟作用的「陽離子型」有較多刺激性成分，不過溫和的成分也在增加中。

CHECK 1

界面活性劑的刺激來自於「靜電」

部分界面活性劑之所以帶有刺激性，主要是因會產生「靜電」。正如感受到靜電時會刺痛一般，靜電對人類而言是一種刺激。在我們沒有察覺到的日常各處都有靜電產生。即便是不被察覺的微弱靜電，幾經累積之後也會導致肌膚發炎或發癢。

界面活性劑的4種類型

界面活性劑分為下列4種類型，刺激度等截然不同。

●對肌膚的刺激度

陽離子型＞陰離子型＞兩性離子型＞非離子型

[刺激性強的界面活性劑]

●陽離子型 毒性強・刺激性強

陽離子型種類少，以刺激性強的「四級銨鹽」為主流。然而，刺激性較弱的「三級胺」也逐漸開始有比較多的應用。

＊主要作為柔軟劑，為潤絲精或護髮品的主要成分。會對接觸對象釋放正電荷。具殺菌消毒的作用。

●陰離子型 毒性弱・刺激性弱

著名的有「皂類」與「月桂基醚硫酸鈉」等，最近又誕生了不易釋放靜電的「胺基酸型界面活性劑」與「酸性皂類（羧酸型）」。

＊主要作為清潔劑，為洗髮精的主要成分。會對接觸對象釋放負電荷。呈鹼性，可增強洗淨力。

[刺激性弱的界面活性劑]

●兩性離子型 幾乎無毒・無刺激性

安全性高，甚至還用於嬰兒洗髮精或食品中。在酸性狀態下作為柔軟劑，鹼性狀態下則作為清潔劑。

●非離子型 幾乎無毒・無刺激性

作為洗淨增強劑或食品添加物。安全性極高，但全都是合成的成分。親油性佳，脫脂力高。

CHECK 2

不帶靜電的界面活性劑幾乎沒有刺激性

界面活性劑分為4類，唯有釋放負電荷的「陰離子型」與釋放正電荷的「陽離子型」，才具有刺激性。

陰離子型會用於洗面乳或洗髮精等清潔劑中，而為了中和使用之際所產生的靜電，會利用陽離子型來作為柔軟劑或護髮品。

かずのすけ語錄

有惡人必有善人。界面活性劑也是同樣的道理。

有機美妝品才有毒的真相

特徵

- 無論食品還是彩妝保養品，都偏好有機產品
- 擁有5件有機材質的白色襯衫
- 關心環境問題

DATA

視有機如命

美白度：★☆☆
滋潤度：★★☆
堅持有機蔬菜：★★★

NG的
肌膚護理

小看植物的毒會倒大楣！敏感肌的人請停用有機產品

日本對有機美妝品 尚無明確定義

所謂的「有機」，原本是指未使用農藥或化學肥料來栽培蔬菜的「有機農法」。歐洲**將有機美妝品定義為「僅使用從有機栽培的植物中萃取之成分製成的彩妝保養品」**，認證機構也多不勝數。

然而日本既沒有認證機構，也無此定義。有機美妝品給人的印象是「加了大量植物精華成分的彩妝保養品」，但事實上有些實例是**僅添加一種植物精華**，就自詡為有機美妝品。

Check 2

植物的芳香成分中 蘊藏著刺激性與過敏物質

植物為什麼會散發香氣呢？最大的理由在於：抵禦害蟲等外敵以求自保。植物的芳香成分是由多種化學物質組成，以結構來看，很多成分都**帶有毒性（刺激性或致敏風險）**。

有機美妝品成分中的**「植物精華」或「精油」**，就含有這種芳香物質。植物精華的芳香物質濃度低，刺激性與效果都趨近於無。然而精油即為芳香物質的濃縮物，風險極高！

かずのすけ格言 討厭花粉卻喜歡有機產品，簡直匪夷所思。

「合成」的香料比「天然」的更純粹

大略重點整理的話……

- 天然香料（精油或植物精華）中所含的芳香成分，是大量化學物質的複合體。
- 合成香料是指利用從天然香料中萃取出的特定單一成分，或以化學方式製造出的芳香成分。
- 天然香料中含有多種物質，因此刺激性與致敏風險都比合成香料來得高。

CHECK 1

植物的香氣成分是化學物質的聚合物

從結構分析可知，植物的芳香成分是「醛類」、「芳香族苯酚」、「醇類」等多達數十種化學物質的複合體。其中有些物質還帶有刺激性或致敏風險。然而，這些物質製成精油後，包裝上只會簡單標示一句「〇〇油」，消費者無從得知詳細的內容物與使用風險。

天然香料與合成香料

了解天然香料與合成香料的差異，並且認清精油中其實含有各式各樣的成分。

● 天然香料

天然香料（精油或植物精華等）中添加了自植物萃取出的芳香成分。這些芳香成分是數十甚至數百種化學物質的複合體。因為混合了大量物質，所以致敏等風險相對較高。

● 合成香料

從植物擁有的芳香成分中萃取出特定化學物質製成（單離香料），或是以化學方式合成該成分所得之產物（合成香料）。因為是單一物質，所以致敏風險比天然香料來得低。

[薰衣草精油中的主要化學成分（單位：%）]

成分名稱	最小濃度	最大濃度
乙酸芳樟酯	25	45
芳樟醇	25	38
cis-β 羅勒烯	4	10
trans-β 羅勒烯	2	6
萜品烯4醇	2	6
乙酸薰衣草酯	2	-
3- 薰衣草醇	0.3	-
3- 辛酮	-	2
桉葉油醇	-	1.5
α - 萜品醇	-	1
檸檬烯	-	0.5
樟腦	-	0.5

引用自《Aromatherapy Science》（Fragrance Journal公司），有變更部分內容。

有時合成香料其中的某一成分是「製作」出來的，但通常都是透過化學處理萃取出的單一成分，故又稱為「單離」。因此，實質上合成香料（單離香料）絕對比天然精油更為單純。

CHECK 2

即便是「合成香料」原料仍是天然成分

正如前面所述，植物的芳香成分是由多種物質所組成的。另一方面，僅從當中萃取出特定物質，或是以合成的方式製造出與該物質成分相同的東西，都稱為「合成香料」。由此可知，雖說是合成，但並非人類從無到有製造出來的，原料多半和天然香料一樣是取自植物。

かずのすけ語錄

添加數種天然植物成分的彩妝保養品能免則免！

「植物精華」與「精油」的差異在此

- 植物精華＝萃取出植物的芳香成分&其他諸多成分後，再以溶劑稀釋而成。
- 精油＝僅萃取出植物的「芳香成分」製成。
- 在精油的效果與刺激性均很強。植物精華的效果與刺激性雖弱，但如果加太多「溶劑」也會造成刺激。

CHECK 1

植物精華與精油從成分來看兩者相異

有機美妝品配方中的主要植物成分是「植物精華」與「精油」。

所謂的植物精華，是萃取出植物的芳香成分與其他諸多成分後，再以乙醇等溶劑稀釋而成。而精油則是僅萃取出植物的「芳香成分」所製成。

植物精華與精油的差異

從植物萃取出的成分，可分為植物精華與精油。

芳香物質

其他物質

萃取

植物精華

從植物中萃取出芳香成分＆其他成分後，再以溶劑（乙醇、BG等）稀釋而成。濃度低，刺激性相對較弱，但是調配比例一多，溶劑會隨之增加，偶爾也會帶有刺激性。

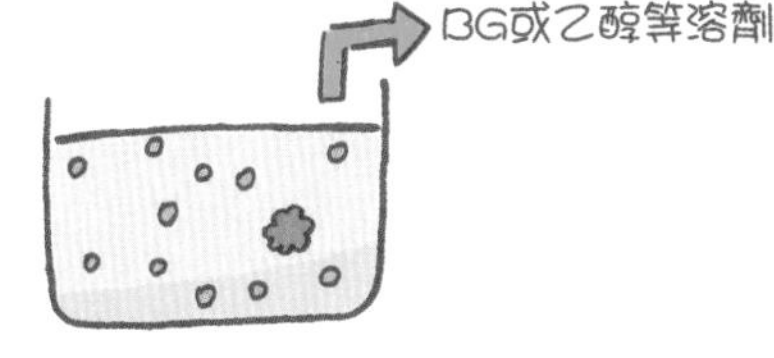

精油

僅萃取出植物的芳香成分製成。由於濃度為100%，因此對肌膚的作用或香氣效果均絕佳。代價是刺激性與致敏風險也很高。

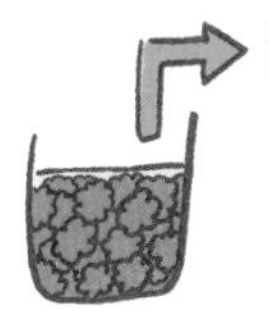

只有芳香物質

當心可疑的郵購美妝品

近年已邁入任何人都能在網路上做生意的時代。優秀的彩妝保養品製造商深諳植物原料的風險，因此只會使用適量的嚴選素材。缺乏知識的新興製造商則是將加了好幾種精油或植物精華的彩妝保養品加上「有機」、「無添加」等字樣，以郵購為主要通路來販售。這樣的美妝品須格外小心。

CHECK 2

精華＝存在感較弱 精油＝威力強大！

無論植物精華還是精油，都是直接使用植物的成分，因此很可能殘留天然特有的「刺激物質」。

然而植物精華的濃度低，因此風險與效果也不高。另一方面，精油則是100%的芳香物質。對肌膚的作用或香氣效果都很出色，不過刺激性與致敏風險也很高！

かずのすけ語錄

植物精華不過是形象良好的成分，實質上並無太大意義。

大部分的肌膚問題都該懷疑是因為「清洗過度」

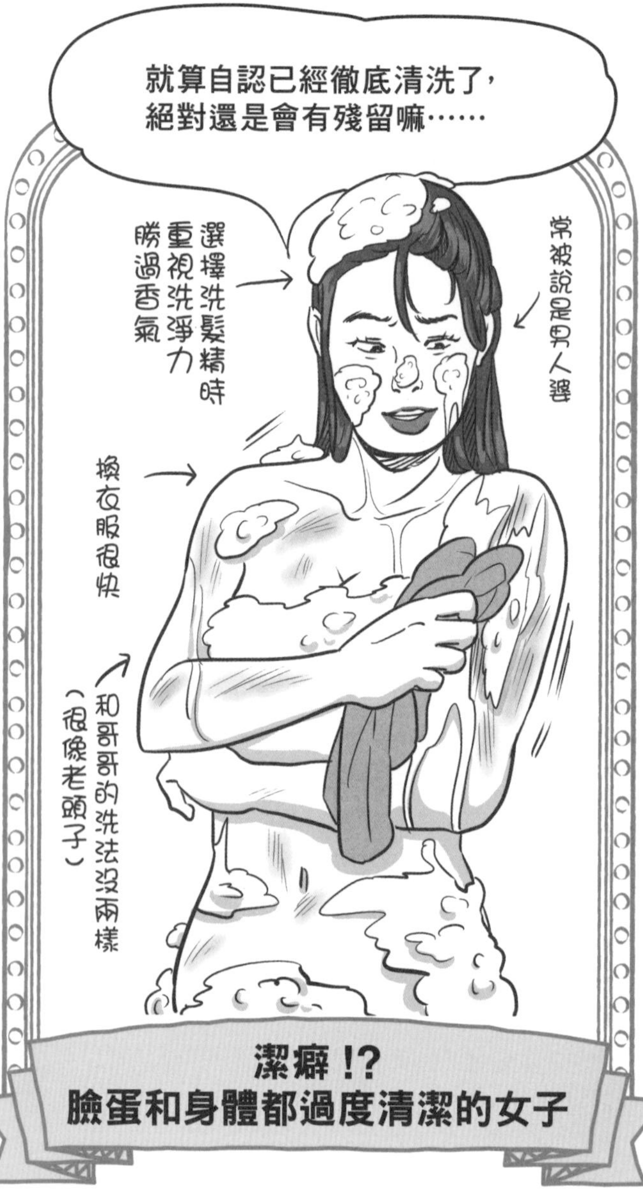

潔癖!?
臉蛋和身體都過度清潔的女子

特徵

- 奉行早晚都確實洗臉主義
- 絕不允許洗完有殘留物
- 朋友嘴巴碰過的東西就不喝

DATA

洗臉最重要

美白度：★☆☆
滋潤度：☆☆☆
代價是油膩膩：★★★

美肌的關鍵在於肌膚自行分泌的滋潤成分。過度清洗就等同於「暴殄天物」！

Check 1

保護皮膚的是
肌膚自身的潤澤&屏障物質

對於以無角質髒汙的滑溜肌膚為目標而頻頻洗臉的女子，我要給句忠告。大部分肌膚問題的**元凶就是清洗過度**。

人類的肌膚中存在**保濕成分「天然保濕因子（NMF）」與屏障成分「細胞間脂質（主要成分：神經醯胺）」**，上方還有**「皮脂」**覆蓋以防止蒸發。只要這3項要素正常分泌，肌膚自然就能維持健康。然而，過度洗臉會連必要的天然保濕因子、神經醯胺以及皮脂都一併洗除。

Check 2

潤澤&屏障物質減少會導致
乾性肌、油性肌、肌膚粗糙等

倘若天然保濕因子、神經醯胺與皮脂逐漸流失，**管控皮膚屏障&保濕的系統**會漸漸無法正常運作。結果不僅使肌膚乾澀，有時還會淪為避免乾燥而過度分泌油分的**「油性肌」**，或是不耐刺激的**「敏感肌」**。

為了預防這種狀況發生，首要之務便是停止過度洗臉。接著改用**「羧酸型」**或**「胺基酸型」**這類洗淨力溫和的洗面乳輕柔地清洗，通常會有不錯的效果。

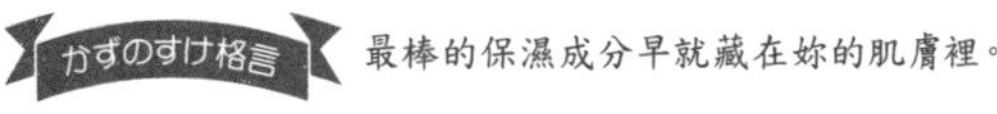

最棒的保濕成分早就藏在妳的肌膚裡。

實現美肌的洗面乳挑選守則

大略重點整理的話……

- 肌膚的「天然保濕因子」、「細胞間脂質（神經醯胺）」以及「皮脂」，可保護皮膚免於外在刺激或乾燥。
- 適度保留這3項要素是打造美肌的基本之道。洗面乳應該挑選溫和的產品。
- 溫和的洗面乳首推「羧酸型」或是「胺基酸型」的產品。

CHECK 1

健康肌膚的祕訣在於「溫和洗臉」

保護肌膚免於外在刺激或乾燥的，是存在於我們肌膚裡的「天然保濕因子」、「細胞間脂質（主要成分：神經醯胺）」與「皮脂」。美麗健康的肌膚都會正常分泌這些物質。

洗臉的時候動作要輕柔，以便適度保留這3項要素。這是打造美肌的絕對條件。

各種洗淨成分的洗淨力示意圖

事先了解洗淨成分的強弱，除了洗臉之外，挑選沐浴乳、洗髮精或潤絲精之際也能派上用場。

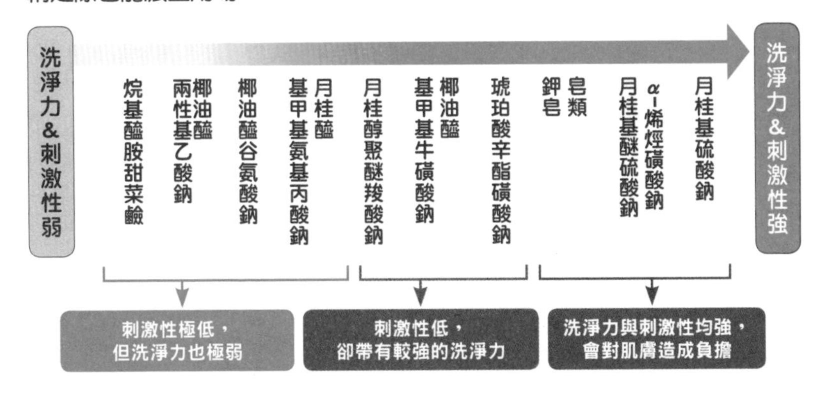

[「羧酸型」與「胺基酸型」的辨別方式]

成分標示的前幾個欄位，如有標示以下成分的名稱，
即可判斷是「羧酸型」或是「胺基酸型」。

羧酸型洗淨成分	●月桂醇聚醚（4／5／6）羧酸鈉 ●月桂醇聚醚（4／5／6）乙酸鈉
胺基酸型洗淨成分	●「月桂醯～」or「椰油醯～」 ＋ 基甲基氨基丙酸鈉／谷氨酸鈉／天門冬氨酸鈉等其中之一

胺基酸型的洗淨力較為溫和。慣用洗淨力高的皂類等或是油脂分泌旺盛的人，建議先使用羧酸型產品。之後再依使用的感覺逐漸換成胺基酸型的產品也OK。

CHECK 2

以羧酸型或胺基酸型的洗面乳為佳

多數市售洗面乳，基本上洗淨力都很強。肌膚問題的原因幾乎都出在過度清潔。想要解決這些問題，就要選用「羧酸型」或「胺基酸型」這類洗淨成分溫和的洗面乳。狀況會因人而異，有人得花1年以上的時間，快的話也有人1個月就改善了肌膚的煩惱。

かずのすけ語錄

打造美肌的第一步就是不要過度清潔。

皂類的洗淨力和刺激性都很強烈

特徵

- 從頭到腳都用皂類清洗
- 也很喜歡蒐集外型可愛的皂類
- 因為是敏感肌才習慣使用皂類

DATA

只使用皂類

美白度：★★☆
滋潤度：☆☆☆
十分講究的
打泡法：★★★

NG的肌膚護理

「皂類」較為溫和不過是「幻想」。若是敏感肌，用了很可能會鬧肌荒

Check 1

「皂類＝溫和的萬能清潔劑」這是消費者的一廂情願！

「界面活性劑好可怕，還是無添加的皂類比較安心呢～」這種天然派的女子不在少數。不過皂類其實是鹼劑與油脂經化合作用製成的**「代表性界面活性劑」**。

然而，界面活性劑未必不好。在這裡想告訴大家的事實是：**皂類本身對肌膚一點也不溫和**。此外，多數消費者深信「自古沿用下來的皂類最安心」，也是一大問題。

Check 2

皂類的「鹼性」容易誘發乾澀＆刺激

人類的肌膚是「弱酸性」。為了防禦刺激與乾澀，肌膚會持續分泌「天然保濕因子」、「細胞間脂質（神經醯胺）」及「皮脂」。

另一方面，**皂類是「鹼性」**，所以對肌膚來說是一種刺激，敏感肌用了也有可能會造成肌膚粗糙。皂類的鹼性**對肌膚屏障所需的皮脂有很強的脫脂力**，如果清洗過度，有時會因為乾燥而刺激皮脂腺的分泌機能，進而變成容易出油的膚質。

かずのすけ格言 古老而美好的產品未必對肌膚溫和。

皂類究竟是何方神聖？

大略重點整理的話……

- 所謂的「皂類」，是油脂&鹼劑產生化合作用後製成的代表性陰離子界面活性劑。
- 原料中的「氫氧化鈉（苛性鈉）」等是危險物質。
- 在成分表中的標示方法分為4種。有些標示乍看不會發現是皂類，有些標示則是詳細組成物不明。

CHECK 1

皂類的原料與成分表中的標示名稱

一般所謂的皂類，就是將氫氧化鈉（苛性鈉）、氫氧化鉀等「鹼劑」加入「油脂」中所製成的化合物。在成分表中總共有4種標示模式，有些是寫「皂基」等，有些則會列出全部的原料。

「皂類」成分標示的4種模式

傳統的樸實皂類以 1 的標示模式居多。這種雖然可以一眼判斷是皂類，但是無從得知詳細的組成物。市售的洗面乳或沐浴乳大致上是採用模式3。在這種情況下，只要成分表的前幾個欄位出現「氫氧化鈉（Na）」或「氫氧化鉀（K）」，就有8成是屬於皂類。2 與 4 可說是少數派。

皂類

1 直接寫出「皂」字

- 皂基（固態皂類）
- 鉀皂基（主要是液態）
- 含鉀的皂基

2 列出皂類的化學名稱

【固態】
- 月桂酸鈉
- 肉荳蔻酸鈉
- 硬脂酸鈉
- 棕櫚酸鈉
- 油酸鈉

【主要是液態】
- 月桂酸鉀
- 肉荳蔻酸鉀
- 硬脂酸鉀
- 棕櫚酸鉀
- 油酸鉀

3 依皂類的原料分別列出

「脂肪酸＋強鹼劑」
- 月桂酸、肉荳蔻酸、硬脂酸、氫氧化鈉……
- 油酸、肉荳蔻酸、硬脂酸、氫氧化鉀……

4 依油脂與鹼劑分別列出

「油脂＋強鹼劑」
- 椰子油、氫氧化鈉
- 棕櫚油、氫氧化鈉
- 橄欖油、氫氧化鉀
- 馬油、氫氧化鉀

CHECK 2

皂類的原料是超危險的猛藥！

製作皂類的原料是「氫氧化鈉（或氫氧化鉀）」，這是種肌膚碰到會溶解、進入眼中還可能造成失明的猛藥。當然經過化學反應後會轉化成別的物質，故市售的皂類是安全的，但主張「合成清潔劑的原料是硫酸等危險物質，所以皂類較能安心」，則與事實有所出入。

かずのすけ語錄

皂類很溫和？這是長期以來的成見，也是一種形象戰略。

皂類的缺點比優點還多

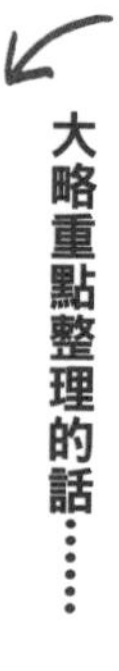

- 皂類屬於「鹼性」。對弱酸性的肌膚來說是一種刺激，敏感肌的人用了可能會導致皮膚粗糙。
- 洗淨力太強，有時會連肌膚所需的潤澤&屏障物質都一併奪走，導致變成乾性肌。
- 皂類會讓肌膚暫時呈鹼性，因此使用過度有時會擾亂皮膚或常在菌的機能，造成肌膚出問題。

CHECK 1

皂類的缺點① 鹼性

人類的肌膚是弱酸性，而皂類是「鹼性」且脫脂力強，往往會奪走肌膚所需的皮脂。若用皂類過度清洗，有時還會變成乾性肌。

保護肌膚的「皮膚常在菌」在弱酸性的環境中最為活躍。若過度使用鹼性皂類，會阻礙好菌的繁殖。

皂類的優缺點比較

讓我們來分別確認一下鹼性皂類的優缺點吧。

洗淨力

◎ 洗淨力強，可確實清除皮脂或汙垢。

刺激性

◎ 分解快速，即使殘留在肌膚上，刺激性也不大。

缺 點

洗淨力

✕ 脫脂力強，連肌膚所需的潤澤 & 屏障物質都會一併洗掉，因此肌膚容易乾澀。

刺激性

✕ 鹼性的皂類不適合弱酸性的肌膚，洗淨時的刺激性強。尤其對皮脂不足的敏感肌或異位性皮膚炎來說是很大的負擔。

CHECK 2

皂類的缺點②蛋白質變性

肌膚是由蛋白質所組成的。而生成肌膚滋潤成分「天然保濕因子（NMF）」的也是蛋白質。

然而皂類具強效的「蛋白質變性作用」。皂液跑進眼裡會感到刺痛，便是對眼睛黏膜的蛋白質產生作用所致。

かずのすけ語錄

輕熟女是否該脫離皂類了呢？

手工美妝品應視為可疑物品並高度戒備

恐怖！
以手工彩妝保養品當禮物的女子

特徵

- 在網路上查詢並自己製作化妝水
- 完成的皂類會送給朋友當禮物
- 將成品持續上傳 SNS

DATA

最愛手作

美白度：★★☆
滋潤度：★☆☆
追求原創性：★★★

手工彩妝保養品是雜菌與危險因子的寶庫！應當有自覺不能等閒視之

Check 1

衛生方面或調配濃度都無法管控

市售彩妝保養品皆有徹底的衛生管理，**未開封可存放3年以上是最基本的**防腐設計。手工製作能達到同樣的條件嗎？混進雜菌勢不可免，不知還有什麼未知物質會摻入其中，風險實在難料。若只是為了自我滿足而製作當然是個人的自由，但**要別人使用就太說不過去了**！

手作乳液中常用的「尿素」、「維生素C」、「綠茶」的單寧、「日本酒」的乙醇等皆帶有刺激性，**若未正確地調整濃度，有時會導致肌膚粗糙**。

Check 2

手作皂類已達違禁品等級！原料中的「苛性鈉」是一劑猛藥

手工彩妝保養品中，尤以**皂類**最為危險。皂類的原料**「氫氧化鈉（苛性鈉）」與「氫氧化鉀」**是劇毒物質，即使濃度只有１％，皮膚一碰到就會溶解，進入眼中還有失明之虞。絕對不能掉以輕心！

若是正規的工廠，可以調配出１００％無害化的濃度，即使殘留也擁有技術能夠排除，所以不構成問題。但是出自一般家庭或外行人之手卻是危險至極！

正因為是手作，才不知道會混進什麼。

使用吸附髒汙型的洗面乳會淪為「內部缺水肌」!?

依賴海泥或火山灰因而油光滿面的女子

特徵

- 喜歡用磨砂膏洗臉
- 在家每週去1次角質
- 目標是光滑的雞蛋肌

DATA

對洗面乳很講究

美白度：★★☆
滋潤度：★☆☆
主張光滑更勝水潤：★★★

磨砂膏、海泥、火山灰的洗面乳是「肌膚潤澤的小偷」！裡面還隱含危險成分

Check 1

吸附型洗面乳會連肌膚所需的潤澤都完全奪走

為草莓鼻或是油光滿面所苦的女子，往往會購買**磨砂膏、海泥與火山灰等吸附型的洗面乳**。這些產品大多是在洗淨力本來就很強的皂類中，增添能夠去除髒汙的成分。這些成分會**連肌膚所需的皮脂或潤澤都完全奪走**，因此肌膚會漸漸變得乾澀，為了補充這些不足，便會不斷分泌皮脂。

換言之，最後往往會淪為**「內部缺水肌」**——肌膚內部明明很乾燥，表面卻布滿油脂而油油亮亮的。

Check 2

還隱含對健康或環境方面有害的成分

洗面乳中務必要避而遠之的就是**添加火山灰的產品**。火山灰表面布滿大量孔洞而能吸附髒汙是不爭的事實。然而，**火山灰前端為尖銳狀構造**，跑進眼睛恐怕會傷害視網膜。實際上也出現過受害者，日本國民生活中心也持續提出火山灰洗面乳的相關警告。

此外，磨砂膏洗面乳中常會添加的**合成塑膠柔珠**，據說會堆積在下水道無法分解，因此對環境是有害的。

かずのすけ格言　愈拚命去除油分，油分會愈拚命增加。

酵素洗顏產品會破壞「肌膚屏障」

因木瓜酶酵素肌膚坑坑巴巴的女子

特徵

- 希望把妝卸乾淨
- 「酵素」一詞別具魅力
- 每月購買3本女性雜誌來閱讀

DATA

興趣是流行事物

美白度：★★☆
滋潤度：★☆☆
對酵素的信賴度：★★☆

酵素洗顏產品會把髒汙和肌膚一併「分解」！每週使用1次為上限

Check 1

酵素的分解作用 會連肌膚屏障也分解掉

添加「酵素」的洗面乳可徹底清除髒汙與角質，因此相當受歡迎。酵素是具有**「分解作用」**的成分，而皮膚髒汙是一種「蛋白質」，因此使用添加蛋白質分解酵素的洗面乳或洗滌劑能徹底洗除髒汙，就是出於此一機制。

然而，實際上不僅髒汙，連**肌膚也是由蛋白質構成的**。也就是說，酵素洗顏產品會讓肌膚跟著髒汙一起分解。若是頻繁使用，肌膚表層的**屏障機能「角質層」也會遭到分解**，導致肌膚問題或敏感肌……。

Check 2

酵素的蛋白質 也有引發過敏之虞

再進一步探討，其實連**酵素本身也是「蛋白質」**。然而，蛋白質中隱含致敏風險。數年前曾陸續傳出因茶皂引發過敏的案例，原因便是出在萃取自小麥的蛋白質。

根據最近的研究指出，經常作為酵素使用的**木瓜酶**也有致敏風險。類似成分有時會寫作**「蛋白酶」**、**「蛋白質分解酵素」**等，請各位要睜大眼睛看仔細。

かずのすけ格言　日常使用酵素洗面乳是破壞肌膚的行為。

10

可食用的東西塗在肌膚上也好放心……才沒這回事！

利用食品護膚的女子

特徵

- 認為使用食品保養最為理想
- 在洗臉台擺放少許廚房用的食用油
- 在乾裂的嘴唇上塗抹蜂蜜

DATA

利用油來護理！

美白度：★★☆
滋潤度：★☆☆
對食品很放心：★★★

食用油不能代替彩妝保養品！有益身體的食品對肌膚反而是大敵

Check 1

食用油含有的「不純物質」會刺激肌膚

有些女性會使用**食用橄欖油或椰子油**等來保濕或卸妝。似乎是認為「可以入口的東西，抹在肌膚上也令人安心」，但這種想法是大錯特錯。

天然油品中含有**各式各樣的不純物質**。為了安全考量，作為彩妝保養品販售的油都會去除不純物質。然而，不純物質中含有「味覺物質」，因此食用油會在某種程度上予以保留。**這些不純物質若塗抹於肌膚上會造成刺激**。

Check 2

不易造成肥胖的油塗在肌膚上卻變成「促進老化劑」!?

順帶提一下，因為近年的「Omega-3脂肪酸」熱潮而蔚為話題的**荏胡麻油與亞麻仁油**。這些油就算吃進肚子裡也會立刻「分解」，因此不易囤積在體內，是相當優秀的食用油。

然而問題是，這些油塗在臉上就會在肌膚上分解。肌膚會因為彩妝保養品而感到刺激，就是肇因於這種分解反應。油的分解又稱為**「氧化」**，這是**促使老化的原因**。因此彩妝保養品中所用的油多為**不易氧化的矽油**等。

かずのすけ格言　食品較安心？難不成塗抹醬油也不會造成肌膚粗糙？

油有分「食品級」與「彩妝保養品級」

大略重點整理的話……

- 天然油品中含有「不純物質」，經過「精製」程序去除這些物質後才得以商品化。
- 依不純物質的精製度，油又分類為【醫藥品級】彩妝保養品級】食品級】。
- 食用油中的不純物質最多。這些不純物質雖然食用無礙，塗在肌膚上卻會伴隨著刺激性。

CHECK 1

食用油中有不純物質殘留

天然油品之中含有「不純物質」。醫藥品與彩妝保養品所用的油首重安全，因此不純物質會確實去除。

另一方面，食用油雖然會去除毒性物質，但卻會保留某種程度的不純物質。這是因為不純物質中含有「味覺物質」，100%去除的話會變得索然無味。

油的精製分為3等級

油的適當精製標準會因用途而異，分為3個等級。由於醫藥品事關人命，因此油品精製度最高，把關也最嚴格。次高的精製等級，則是肌膚安全至上的彩妝保養品用油。重視美味度的食用油，精製程序的標準較為寬鬆。

食品級

以「味道」為重

- 刻意保留具有味道、風味與營養的不純物質，是純度最低的油。
- 可在胃中分解，因此可以無視少量的刺激物或毒物。

以「安全性」為重

- 會對肌膚造成刺激的不純物質幾乎都已去除。
- 皮膚無法消化不純物質，因此氧化或是接觸時都會形成刺激。

醫藥品級

純度比彩妝保養品高

- 進一步加以精製，連僅存的不純物質都全數去除的油。
- 應用於醫療上，因此純度最高，重視穩定性。

CHECK 2

可食用的不純物質塗在肌膚上仍會刺激

油的種類依不純物質的精製度，由高而低為「醫藥品級」、「彩妝保養品級」，最後才是「食品級」。

食品級的不純物質吃了當然無害。不過可食用的不純物質若附著在肌膚上，大多會造成刺激。

かずのすけ語録

食用OK不等於塗抹肌膚也OK。

比起卸妝乳，「卸妝油」才是正解

特徵

- 以前常聽說卸妝油不好
- 為內部缺水肌所惱
- 一絲不苟地仔細清洗

DATA

乳霜質地令人安心

美白度：★★☆
滋潤度：★☆☆
相信百貨專櫃人員的建議：★★★

卸妝油＝乾澀，完全是誤解！「油脂」可以打造水潤Q彈的肌膚

Check 1

卸妝乳或凝膠往往
在不知不覺中對肌膚造成負擔

近年來「卸妝油會使肌膚乾澀」的說法廣為流傳，**乳狀或霜狀的卸妝品似乎較受歡迎**。

乳狀、霜狀、凝膠、液狀等產品的洗淨力確實比較溫和。但是相對的，**卸妝起來也較為耗時**，經常會在不知不覺中洗除肌膚**所需的潤澤**。此外，長時間搓揉會對皮膚造成莫大的負擔，肌膚因而變粗糙的人也不在少數。

Check 2

NG的是礦物油。
油脂是避免乾燥的優良油

一般所說的NG卸妝油，正確來說應該是指**「礦物油」**。這是一種無刺激又安全的油，但是脫脂力確實很強，而且肌膚容易乾澀。

不過雖然同樣都是油，**取自動植物的「油脂」**則另當別論。該油脂的構造和人類的「皮脂」相近，塗在肌膚上會與皮脂相融，得以維持潤澤度。既可確實卸除彩妝髒汙又完全不會乾澀，是相當優秀的油。不過最好還是選擇**不易氧化的油脂**。

かずのすけ格言　卸妝油也是千差萬別。

不同種類的卸妝品特色

大略重點整理的話……

●油類⬇洗淨力佳，但礦物油會使肌膚乾澀。建議選擇可保持潤澤度的「油脂」。

●乳狀與霜狀類⬇洗淨力較弱。霜狀有一定的洗淨力卻不耐水，不適合在浴室裡使用。

●凝膠與液狀類⬇幾乎不帶油分，必須好好搓揉才能卸除彩妝，因此會對肌膚造成負擔。

CHECK 1

以水為基底的產品洗淨力低且易乾澀

液狀或是凝膠類的卸妝品，是以水和界面活性劑為基底。由於幾乎不含油分，洗淨力格外地弱。因此卸起妝來較為費時，反而意外地容易洗掉肌膚的潤澤。用手長時間搓揉會對皮膚造成負擔，有些人還會因而肌膚乾澀。優點不多。

各類卸妝品的洗淨力與肌膚負擔

卸妝品的種類不同，洗淨力與對肌膚的負擔也各異。

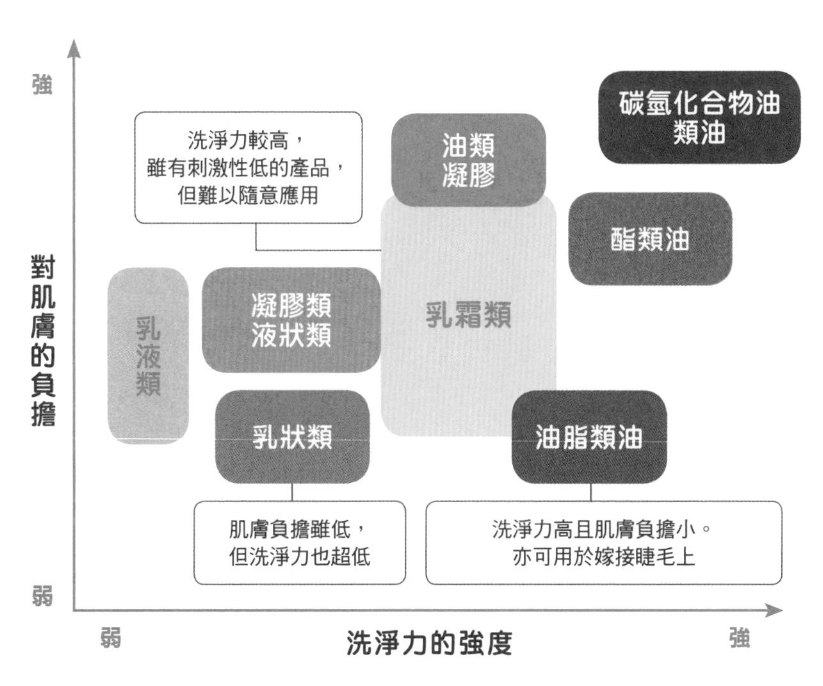

上圖愈往右洗淨力愈強，愈往上對肌膚的負擔愈大。碳氫化合物油類（主要是礦物油或氫化聚異丁烯等）的洗淨力相當強，對肌膚的負擔也大，須格外當心。油脂類則是洗淨力強，對肌膚的負擔卻很小，所以特別推薦。可於浴室內使用，亦可用於嫁接睫毛上。

CHECK 2

具洗淨力的霜狀稍嫌不便

霜狀卸妝品雖然有一定的洗淨力，但是大多數產品的主要成分是礦物油，這會導致肌膚乾澀。

卸妝霜會與彩妝的油分混合，藉此從水分基底轉為油分基底，即可將彩妝卸除。然而若是在浴室裡使用，會受到濕氣影響而失去這種作用。

かずのすけ語錄

敏感肌者只須特意避開凝膠類產品，就沒有大問題。

油脂卸妝品

萬無一失的選擇方法

大略重點整理的話……

● 以「油脂」為基底的卸妝液較佳。構造與肌膚的皮脂相近，洗完臉也不乾澀。嫁接睫毛亦可使用。

● 不過胡麻油與杏仁油等易氧化的油脂則NG。

● 不易氧化的油脂（澳洲胡桃油、酪梨油、摩洛哥堅果油、米糠油等）最為合適。

CHECK 1

「油脂」究竟是什麼??

一般所謂的油脂，是指從動植物中萃取出的油。人類「皮脂」的主要成分也是油脂，因此即便殘留在肌膚上也能成為保濕成分。可以確實卸除彩妝髒汙，並保留肌膚所需的潤澤。

然而，已經氧化的油會對皮膚造成刺激，所以選擇澳洲胡桃油等不易氧化的油脂為佳。

各種油成分的油性強度

這裡試著排出每種油成分的強弱。

弱 → 強

高級脂肪酸（硬脂酸等）、高級醇（硬脂醇等）、十六烷醇、油脂、荷荷芭油、合成蠟酯、凡士林、聚二甲基矽氧烷、礦物油、氫化聚異丁烯

油脂 → 油脂的性質恰到好處，亦為肌膚原有油分的一種。

合成蠟酯、凡士林、聚二甲基矽氧烷、礦物油、氫化聚異丁烯 → 油的性質強，連肌膚的油分都會溶解。

● 不易氧化的油脂

澳洲胡桃油、酪梨油、摩洛哥堅果油、米糠油等

➡ 特色在於含有大量不易氧化的單元不飽和脂肪酸，易氧化的多元不飽和脂肪酸含量少，具抗氧化作用的維生素類含量多等。

氧化的油會產生刺激皮膚的物質而導致肌膚粗糙，因此應盡量挑選不易氧化的油脂。其中澳洲胡桃油與酪梨油含有豐富的「棕櫚油酸」（會隨年齡增長而減少），亦可用來抗老化。

CHECK 2

油脂卸妝品不會造成乾澀的理由

油性強的油在溶解其他油分上的能力很優異，若塗在肌膚上，肌膚的潤澤成分「皮脂」會和彩妝一起被卸除。

雖然同樣是油，由於「油脂」的構造和皮脂相似，即使塗在肌膚上，皮脂也會視其為同類而予以接納。由於皮脂不會流失，因此肌膚便不會乾燥。

かずのすけ語錄

油脂在卸除髒汙、保濕力與軟化肌膚的效果上都很棒。

保養品不會「滲透」↓大半成分都是無效的

特徵

- 不斷拍打肌膚好讓化妝水滲透進去
- 一廂情願認為肌膚變紅就是促進血液循環
- 常因拍打脖子部位而嗆到

DATA

拍打滲透

美白度：★★☆
滋潤度：★★☆
自稱神之手：★★★

保養品無法滲透至肌膚深層。除了在角質層發揮作用的成分，塗抹也是白費！

Check 1

一般保養品要突破「肌膚屏障」極為困難

用雙手按壓加上輕輕拍打、利用化妝棉或是片狀面膜覆蓋……，對於如此努力試圖讓保養品滲透肌膚的女子，我有一個壞消息要告訴妳。事實上，**保養品並不會滲透至肌膚深層**。正確來說，保養品只會傳送至**肌膚表層的「角質層」**。

角質層位於肌膚表層，是**掌管皮膚屏障的部分**。單靠保養品是難以突破這層屏障的，輕率地嘗試很可能會引發副作用，因此在保養品上是禁止的。

Check 2

大部分的美肌成分若無法抵達肌膚深層，效果等於零

水分或神經醯胺是位於角質層的物質，因此沒必要使之滲透至肌膚深層，**僅於角質層補給即可見效**。維生素C或蝦紅素等**抗氧化成分**也能防止肌膚表層氧化，只須**傳送至表層的角質層即可**（維生素C帶有刺激性）。

然而，出現在市面上的多數美肌成分或細胞活性成分等，**若無法傳送至比角質層更深層的「基底層」或「真皮」，就達不到效果**。

かずのすけ格言 再好的成分若沒有滲透內部，等同於無效果。

保養品的「滲透」及其效果之真相

大略重點整理的話……

- 保養品的成分（包括水分與油分），只能傳送至肌膚表層的「角質層」。
- 因此利用保養品來補足位於角質層的神經醯胺、水分、防止角質層氧化的成分等，有其意義。
- 其他多數的美容成分若無法傳送至比角質層更深的底層，就達不到效果，幾乎沒有意義。

CHECK 1

標榜滲透力的保養品廣告之陷阱

在保養品的電視等廣告中，常會看到「成分會不斷滲透」這類宣傳詞。這種廣告細看就會發現，角落位置有用小字寫著：「滲透僅止於角質層」。

多數消費者並不會看得這麼仔細，因此誤以為保養成分會滲透至肌膚深層可說是必然的結果。

保養品會滲透至何處？

「保養品的成分會滲透，直至肌膚深層……」。實際上卻沒這麼順利。

［皮膚的構造］

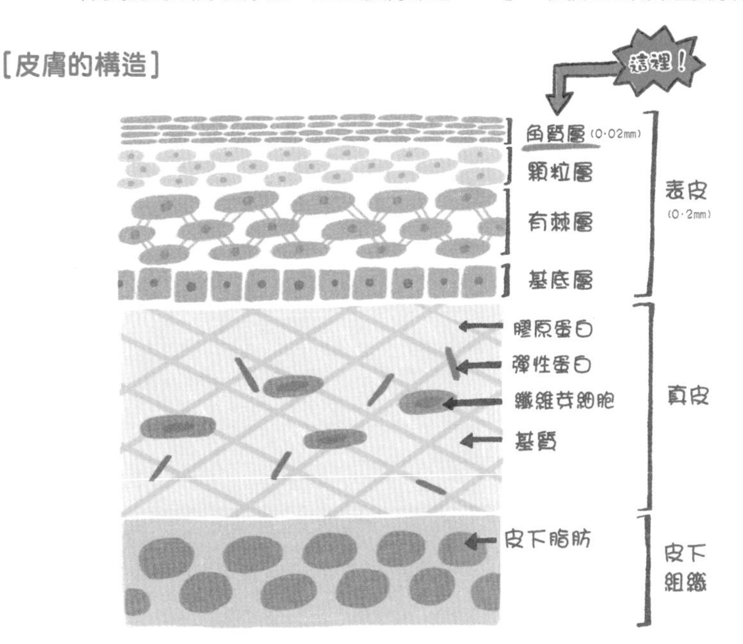

肌膚的最外側是一層薄如保鮮膜的「角質層」。角質層中有大量老舊的「角質細胞」，其縫隙中填滿了「水分」與「細胞間脂質」（主要成分：神經醯胺）。憑藉著這個團隊的合作來保護肌膚免於異物入侵等。這便是「肌膚屏障」。一般保養品僅能滲透至此。若是強行突破屏障會有過敏反應等副作用的危險！

CHECK 2

輕拍的動作只會讓肌膚變黑！

即使勤奮地用手按壓或輕拍，保養品仍然只會滲透至角質層。

不僅如此，輕拍的動作對皮膚來說是一種刺激。肌膚受到刺激就會試圖自我保護而生成「麥拉寧色素」，因而形成斑點或造成暗沉，所以最好避免這麼做。

かずのすけ語錄

除了在角質層發揮作用的成分，效果都是零。只是補給水分。

「滿滿化妝水♪」只是苦了肌膚、瘦了荷包

用化妝水沾濕全臉的女子

特徵

- 大量塗抹便宜的化妝水
- 什麼都重視量勝於質
- 片狀面膜也敷超過20分鐘

DATA

用化妝水浸泡

美白度：★★☆
滋潤度：★★☆
嚮往Q彈的肌膚：★★★

化妝水用量約「10元硬幣大小」就夠了。層層塗抹會增加刺激&使肌膚屏障變弱

Check 1

即便是優秀的化妝水，用量增加也會形成刺激

「化妝水最好大量塗抹」。應該有很多女性，從很久以前就一直接收這種美容資訊的洗腦吧？

然而保養品這種東西，無論是多麼優秀的產品，內容物不可能100%都是好的成分。以對羥基苯甲酸酯這類防腐劑為例，少量完全不成問題，但用量一增加就可能會形成刺激。化妝水若**反覆塗抹超過所需，也會累積造成刺激的風險**。

Check 2

即便大量塗抹也會「蒸發」，萬一弄巧成拙還會減弱肌膚屏障

正如前文所述，**一般的保養品只能滲透至「角質層」**。而角質層中多餘的成分只會「蒸發」而已。

進一步來說，角質細胞的主要成分「角蛋白」具有一種性質：**含水過量就會弱化**。泡澡泡太久皮膚會膨脹發皺也是這個原因。年輕健康的肌膚應該不會有什麼影響，但如果是敏感肌或已屆一定年齡的人，若持續塗抹過多的化妝水，有時會**讓原本就脆弱的肌膚屏障變得更脆弱**。

かずのすけ格言 正可謂「過猶不及」。

防止化妝水蒸發的「防護膜」並非必要

特徵

- 乳液和乳霜缺一不可
- 多使用一點，以免水分蒸發
- 想要設法解決乾性肌

DATA

利用乳液防止乾燥

美白度：★★☆
滋潤度：★☆☆
肌膚黏稠度：★★★

油分多的「防護膜」也會成為乾性肌的起因。防護膜僅限有此需求的女子使用

Check 1

最棒的防護膜是肌膚表層的「皮脂膜」

「塗完化妝水後，利用乳液或乳霜的油分打造一層防護膜以防止水分蒸發」。這層「防護膜」好像已經成為一種常識，不過其實並非必要。

對肌膚而言最棒的油分，就是**自行分泌的「皮脂」**。即使未用保養品打造一層防護膜，健康的肌膚表層仍有皮脂膜守護著角質層的潤澤。不過，肌膚屏障弱的人皮脂較少，**乾燥時可以抹些乳霜**。但是，最好還是拋開「乳液或乳霜是必要的」這種既定觀念。

Check 2

過度塗抹油分會導致皮脂分泌轉為「限制模式」

正如前文所述，化妝水後的乳液或乳霜並非必要，不過因應乾燥的狀況補給一些油分是OK的。然而油分過多的話，肌膚會抑制皮脂的分泌，**肌膚內部反而容易乾燥**。請依肌膚的狀態適量塗抹即可。

此外，乳液基本上是**在水分裡混合油分所構成的**，但是也有些商品幾乎都是水分，和化妝水沒有太大的分別。如果補充油分的目的是要打造防護膜，那麼**乳霜比較適合**。

かずのすけ格言 視銷售額如命的保養品公司，推動全套保養是理所當然的事。

洗臉後的保養
基本上只要這些就OK

大略重點整理的話……

- 基本上塗抹一種添加神經醯胺的保濕劑（化妝水、多效合一保養品等）就夠了。
- 肌膚脆弱而乾燥的人，也可再抹上一層適量的乳霜以防止水分蒸發（須當心油分過量）。
- 只要不帶刺激性，亦可將添加「抗氧化成分」的產品用於角質層，防止肌膚表層氧化（所引起的斑點與老化等）。

CHECK 1

洗臉後有1～2個保養步驟

洗臉之後進行的保養，目的在於調整掌管肌膚保濕＆屏障的「角質層」。請使用添加了角質層的屏障物質「神經醯胺」的化妝水或是多效合一的凝膠等。如果肌膚乾澀的話，抹點乳霜也ＯＫ。只要成分溫和，添加預防斑點與肌膚老化的抗氧化成分也ＯＫ。

主要的「神經醯胺」一覽表

現階段來說，效果最佳的神經醯胺是「人體型神經醯胺」。像「神經醯胺1」、「神經醯胺NP」這類以【神經醯胺＋數字（或是英文字母）】方式標記的，皆屬於人體型神經醯胺。雖然每一種都有出色的預防乾燥與保濕效果，但仍有各自擅長的領域。

主要的神經醯胺成分一覽表

分類	全部成分標示名稱	成分解說
人體型神經醯胺	神經醯胺 1／神經醯胺 EOP	為人體型神經醯胺。存在於人類皮膚的屏障機能物質，能夠守護皮膚使其免於外部的乾燥或刺激。有數據顯示，異位性皮膚炎、敏感肌與熟齡肌的神經醯胺不足，可透過外部補給來補足肌膚的這道屏障機能。
	神經醯胺 2／神經醯胺 NS	
	神經醯胺 3／神經醯胺 NP	
	神經醯胺 6 II／神經醯胺 AP	
	神經醯胺 9／神經醯胺 EOS	
	神經醯胺 10／神經醯胺 NDS	
合成神經醯胺	Hexadecyloxy PG hydroxyethyl hexadecanamide	又稱為「類神經醯胺」的成分。以化學合成方式製造出神經醯胺類似成分，作用近似於人類肌膚角質層中的神經醯胺。可透過外部補給來提高肌膚的屏障機能。效果雖不及人體型神經醯胺，卻可透過提高濃度來提升效果。
	鯨蠟基 -PG 羥乙基棕櫚醯胺	
	月桂醯谷氨酸酯（植物固醇／辛基十二醇）	
植物性神經醯胺	米糠鞘糖脂	為神經醯胺類似物，含有自米中萃取出的糖神經醯胺（葡萄糖神經醯胺）。糖神經醯胺是神經醯胺的前驅物，作用和神經醯胺相似。
動物性神經醯胺	馬神經醯胺	為神經醯胺類似物，含有自馬油中少量萃取出的糖神經醯胺（半乳糖腦苷脂）。糖神經醯胺是神經醯胺的前驅物，作用和神經醯胺相似。Bioseramido是腦苷脂的原料名稱，而非保養品的成分名稱。
	腦苷脂	

若要進階保養的話

如果單靠神經醯胺的保濕劑仍會乾燥，抹些乳霜也OK。若有添加防止肌膚表層氧化，並可預防斑點或肌膚老化的抗氧化成分（胎盤素、蝦紅素等），即可一舉兩得。

CHECK 2

須留意容易混淆的神經醯胺標示

若想以神經醯胺自居，唯有「人體型神經醯胺」才有受到認可。類似的成分包括「合成神經醯胺」、「神經鞘脂」、「糖神經醯胺」等，這些實質上並非真正的神經醯胺，效果雖然略遜一籌，價格卻比人體型神經醯胺低廉。若有足夠的劑量，仍可期待一定的效果。

かずのすけ語錄

除了在角質層發揮作用的成分，效果都是零。只是補給水分。

務必事先掌握的彩妝保養品成分100選

★かずのすけ的推薦指數（1～4）1：推薦　2：普通　3：尚可　4：盡可能避而遠之

種類	用途	成分名稱	成分說明	★
水溶性成分	水性基劑・保濕成分	乙醇	作為清爽型的保濕成分來運用，缺點是會對皮膚造成刺激，還會因為過敏症或蒸發（揮發）而使肌膚乾燥。	4
		PG（丙二醇）	從以前就常作為保濕成分來運用，然而脂溶性高，加上滲透肌膚所引起的刺激令人憂心，因此近來在調配用量上有所節制。	4
		DPG（二丙二醇）	常用於平價產品的保濕成分，但被指出對眼睛或肌膚恐會造成刺激（尤其對眼睛具強烈刺激性的報告無數）。具防腐效果。	3
		乙基己基甘油	具防腐效果的保濕成分，大多以高濃度調配於無防腐劑的彩妝保養品中。若劑量高，也有刺激皮膚的疑慮。	3
		辛乙二醇		
		1,2-己二醇		
		戊二醇		
		丙二醇	為保濕成分的一種。刺激性的相關資訊少，不安要素多。	3
		甘油	保濕性強，因此經常作為彩妝保養品的主要成分來運用。對皮膚的刺激性與過敏性弱，使用起來較為「滋潤」。	1
		雙甘油	與甘油的性質極為相似的一種保濕成分。調配於低刺激性的彩妝保養品中。	1
		BG（1,3-丁二醇）	與甘油同為低刺激性的保濕成分，常作為敏感肌專用彩妝保養品的主要成分來運用。使用起來較為「清爽」。	1
	機能性水性成分	玻尿酸鈉	為黏多醣類（動物性保濕成分）的一種。具有與水混合後就會凝膠化，而可鎖住水分的性質。為皮膚表層的代表性保濕成分。	1
		乙醯化透明質酸鈉		
		水解透明質酸		
		膠原蛋白	為纖維狀蛋白質的一種，於肌膚中持續打造皮膚的基底。若調配於彩妝保養品中，即可成為保濕劑，在皮膚表層發揮鎖水作用。	1
		水解膠原蛋白		
		琥珀酉先去端肽膠原		
		水解彈性蛋白		
		甜菜鹼	為胺基酸的一種，易與水分融合，作為保濕成分來運用。	2
		谷氨酸鈉		
		胺基酸類	有天門冬胺酸、丙胺酸、精胺酸、甘胺酸、絲胺酸、白胺酸、羥脯胺酸等。和甜菜鹼與谷氨酸一樣，皆具備胺基酸的性質，因此易與水分融合，常作為保濕成分來運用。	2
		海藻糖	為醣類的一種，易與水分融合，常作為保濕成分來運用。基本上刺激性低，對肌膚的安全性高。	1
		醣基海藻糖		
		蔗糖		
		山梨糖醇		
		氫化澱粉水解物		
		蜂蜜		
		甲基葡糖醇聚醚類		
		聚季銨鹽-51	又稱為「Lipidure」的成分，具有高效保濕作用。	1
		卡波莫	為合成凝膠劑的一種，擁有鎖水並使成分凝膠化的性質。作為安全性高的增稠劑來運用。	2
		黃原膠	也會用於食品中的增稠劑，是藉由微生物之力使澱粉發酵而成的產物。比起卡波莫，屬於觸感較溫和的凝膠劑，但恐含有意料之外的不純物質。	2
油性成分	油性基劑	礦物油	為碳氫化合物油的一種，是取自石油的油。雖然是刺激性低且低價的原料，但若作為卸妝品的主要成分，有脫脂能力過強的缺點。	3
		角鯊烷	以碳氫化合物油為主要成分的植物性油。為刺激性低的保護油而廣泛用於彩妝保養品中。其精製油亦可用於肌膚護理。	2

種類	用途	成分名稱	成分說明	★
油性成分	油性基劑	凡士林	與礦物油同樣取自於石油的碳氫化合物油。為半固態的油脂，可防止水分蒸發且刺激性低，經常用於保護乾性肌膚。	2
		微晶蠟	合成蠟，但主要成分是碳氫化合物油。是各式彩妝品與護髮蠟等的主要成分。	2
		氫化聚異丁烯	為撥水性高的油，除了常用於防水型彩妝製品外，也作為防水彩妝專用卸妝品的主要成分來運用。	3
		聚二甲基矽氧烷	為鏈狀矽氧烷的一種，皮膜性能佳的矽油。用於深層滋養護髮品的基劑或彩妝製品中。須留意的一點是較易殘留。	3
		氨基封端聚二甲基矽氧烷		
		雙-氨丙基聚二甲基矽氧烷		
		環戊矽氧烷	為環狀矽氧烷的一種，皮膜性能較低的矽油。揮發性高，用起來很乾爽。不易殘留。	2
		環聚二甲基矽氧烷		
		三異辛酸甘油酯	合成酯油。為人工製成的油成分，安全性與穩定性高，用於各式彩妝保養品的基劑。若作為卸妝品的基劑，脫脂力高。	2
		鯨蠟硬脂醇辛酸酯		
		辛基十二醇肉豆蔻酸酯		
		異壬酸異壬酯		
		羊毛脂	動物性酯油。會因為純度而有過敏之虞，故近來已不太使用了。	4
		十六烷醇	高級醇類的油，作為較不黏膩的皮膜形成劑來運用。對皮膚恐有微弱的刺激性。	3
		硬脂醇		
		硬脂酸	為高級脂肪酸的一種，雖然是質感較清爽的油分，但濃度高對皮膚的滲透性也高，有造成刺激之虞。作為皂類的原料來運用，不會單獨使用。	3
		棕櫚酸		
		肉荳蔻酸		
	機能性油性成分	橄欖油	為油脂的一種，依主要成分脂肪酸的不同組合，會呈現出各種相異的性質。此欄位中的油脂皆含有大量的油酸，親膚性佳且具柔軟作用。依含有的不純物質維生素類的不同組合，還能形成抗氧化力卓越的油脂。含有大量多元不飽和脂肪酸的亞油酸或亞麻油酸的油脂較容易氧化，須特別留意。	1
		馬油		
		摩洛哥堅果油		
		米糠油		
		澳洲胡桃油		
		椰子油	此油脂（椰子油）為眾多彩妝保養品成分的主要原料。穩定性高且實用性佳，但主要是飽和脂肪酸，所以對肌膚的柔軟作用等較弱。	2
		荷荷芭油	植物性油，主要成分為蠟類，卻如油脂般含有脂肪酸。結構與皮膚的天然保濕成分極為相似，因此高度精製的荷荷芭油常作為肌膚的保濕劑來運用。黃金荷荷芭油的精製度低且可能造成刺激，但是親膚性佳。	1
		神經醯胺1／神經醯胺EOP	為人體型神經醯胺。存在於人類皮膚的屏障機能物質，能夠守護皮膚使其免於外部的乾燥或刺激。有數據顯示，異位性皮膚炎、敏感肌與熟齡肌的神經醯胺不足，可透過外部補給來補足肌膚的這道屏障機能。	1
		神經醯胺2／神經醯胺NS		
		神經醯胺3／神經醯胺NP		
		神經醯胺6 II／神經醯胺AP		
		神經醯胺9／神經醯胺EOS		
		神經醯胺10／神經醯胺NDS		
		Hexadecyloxy PG hydroxyethyl hexadecanamide	為類神經醯胺的一種。此成分的作用近似於人類肌膚角質層中的神經醯胺。可透過外部補給來提高肌膚的屏障機能。	2
		月桂醯谷氨酸酯（植物固醇／辛基十二醇）	為類神經醯胺的一種。長年廣泛用於製造商的商品中，安全性與實用性有口皆碑。	

種類	用途	成分名稱	成分說明	★
油性成分	機能性油性成分	米糠鞘糖脂	為神經醯胺類似物，含有自米中萃取出的糖神經醯胺（葡萄糖神經醯胺）。糖神經醯胺是神經醯胺的前驅物，作用和神經醯胺相似。	1
		馬神經醯胺	為神經醯胺類似物，含有自馬油中少量萃取出的糖神經醯胺（半乳糖腦苷脂）。糖神經醯胺是神經醯胺的前驅物，作用和神經醯胺相似。	1
		植物固醇 澳洲堅果油酸酯	結構接近人類皮脂的油分之誘導體。易滲透肌膚或頭髮，可賦予柔軟性。	1
界面活性劑	清潔劑	皂基 月桂酸鈉	代表性的皂類。成分表中有時會標記為「～酸＋甘油＋氫氧化鈉（氫氧化鉀）」。為洗淨力高且使用感覺良好的清潔劑。易分解而不易殘留，但因為是鹼性，在清潔中可能會形成刺激。油酸類的刺激性較低。	3
		油酸鈉 鉀皂基 油酸鉀		2
		月桂基硫酸鈉	合成清潔劑，問題點在於對敏感肌的刺激性強，很容易殘留在皮膚。是用於彩妝保養品的界面活性劑中，最好避而遠之的成分。	4
		月桂基醚硫酸鈉	改良月桂基硫酸鈉後製成的清潔劑，雖然大幅降低了刺激性與殘留性，依舊是不適合敏感肌的成分。	3
		C14-C16 烯烴磺酸鈉	取代月桂基醚硫酸鈉成為最近常用的洗淨成分，但高脫脂力與對敏感肌的刺激性並無太大不同。	4
		月桂醇聚醚 -5- 羧酸鈉	俗稱「酸性皂」。構造類似皂類，對環境友善，雖為弱酸性卻能發揮足夠的洗淨力，是刺激性低的洗淨成分。	1
		椰油醯基甲基牛磺酸鈉	為牛磺酸型洗淨成分的一種，刺激性較低，具較高的洗淨力。	2
		月桂醯 基甲基氨基丙酸鈉	為弱酸性的胺基酸型界面活性劑。刺激性低這點尤其出色，洗完感覺較為滋潤。	1
		椰油醯基谷氨酸 TEA 鹽	為胺基酸型界面活性劑的一種，洗淨力穩定且刺激性低。是適合敏感肌的洗淨成分。	1
		烷基醯胺甜菜鹼	為兩性離子界面活性劑的一種，屬於刺激性特別低的洗淨成分。調配於嬰兒皂或低刺激性的洗髮精中。能有效緩和陰離子界面活性劑的刺激。	2
		椰油醯兩性基乙酸鈉	為刺激性極低的兩性離子界面活性劑的一種，敏感肌與異位性皮膚炎的人也能輕鬆使用。	1
		月桂基糖	為非離子界面活性劑的一種，成分本身的刺激性低，但脫脂作用強，因此可提高洗髮精的洗淨力。也會作為餐具清潔劑的增強劑來運用。	3
		PEG-20 甘油三異硬脂酸酯 PEG-150 二硬脂酸酯	為非離子界面活性劑的一種，作為卸妝品的乳化劑來運用。調配於洗髮精中即可賦予卸妝的作用。	2
	柔軟劑	山崳基三甲基氯化銨 十八烷基三甲基氯化銨 十六烷基三甲基氯化銨	為陽離子界面活性劑的一種，是護髮品或潤髮乳的主要成分。吸附該成分之處會呈現滑順的質感，但是殘留性高，對敏感肌會造成刺激。	3
		硬脂醯胺丙基二甲胺 山崳醯胺丙基二甲胺	為陽離子界面活性劑的一種，但此成分的刺激性較低。	2
		聚季銨鹽 -10	為陽離子化聚合物的一種，是洗潤合一洗髮精中的潤絲成分。附著在毛髮上可展現出潤澤感。劑量太多會導致質地發硬。	2
		矽氧烷化合物 聚二甲基矽氧烷醇	矽氧烷型的護膜劑是以矽氧烷以及親水性構造結合而成，刺激性低，調配於護髮製品等可展現滑順或潤澤的質感。	2
	乳化劑	氫化卵磷脂	為非離子界面活性劑的一種，具生物相容性的界面活性劑。用於低刺激性彩妝保養品的乳化，或作為脂質體專用的界面活性劑。	1
		聚山梨醇酯類 山梨醇聚醚 -30 四油酸酯 失水山梨醇 異硬脂酯類 甘油硬脂酸酯 PEG- 氫化蓖麻油	非離子型的乳化劑。多為具有巨大分子量的物質，對皮膚的刺激性也極弱。主要調配於乳霜或美容液等免沖洗的保養品中。雖然是合成物，但劑量少，對肌膚幾乎沒有負擔。	2

第2章

適合輕熟女的進階護理

除了基礎保養之外，
在此也逐一介紹肌膚的煩惱，
以及打造美肌的進階護理。
這些都是輕熟女更要事先掌握的美容資訊。

自來水對肌膚有何種程度的不良影響？

特徵

- 洗好澡立刻用精製水擦臉
- 自稱「美肌達人」
- 化妝棉就算是便宜貨也不在意

DATA

不喝自來水

美白度：★★☆
滋潤度：★★☆
氯氣度：★★★

肌膚健康的話就不用擔心。唯一須當心的，是住在水質不佳地區的異位性皮膚炎患者

Check 1

一般人無虞，但異位性皮膚炎患者曾因自來水餘氯而導致惡化

水中所含的礦物質（鈣、鎂等）多少會刺激肌膚，不過**日本的水屬於礦物質較少的「軟水」**。比起國外的水格外溫和，一般無須太在意自來水對肌膚的影響。

不過，日本的水質隨著地區不同有很大的差異，水質差的地區會在自來水中加入大量的**氯氣消毒劑**。也曾出現因為這種餘氯而導致異位性皮膚炎惡化的案例。異位性皮膚炎患者若住在水質差的地區，不妨使用淨水器等。

Check 2

用精製水或維生素C排除氯氣也有令人不安之處

有些女性會用浸泡過精製水的化妝棉擦掉洗臉時的自來水，不過**精製水的缺點在於容易變質**。雖然使用添加維生素C或維生素C誘導體的化妝水，亦可減弱氯氣的作用，但也有刺激皮膚之虞……。

建議**換成能除氯的「淨水蓮蓬頭」**。我自己也有使用，經過調查氯氣確實有減少。利用市售的「簡易測試紙」或「餘氯測試儀」，即可簡單了解自家的水質。

かずのすけ格言　邊擔心變質邊使用精製水，這種壓力反而有害肌膚。

油其實是無法「保濕」的

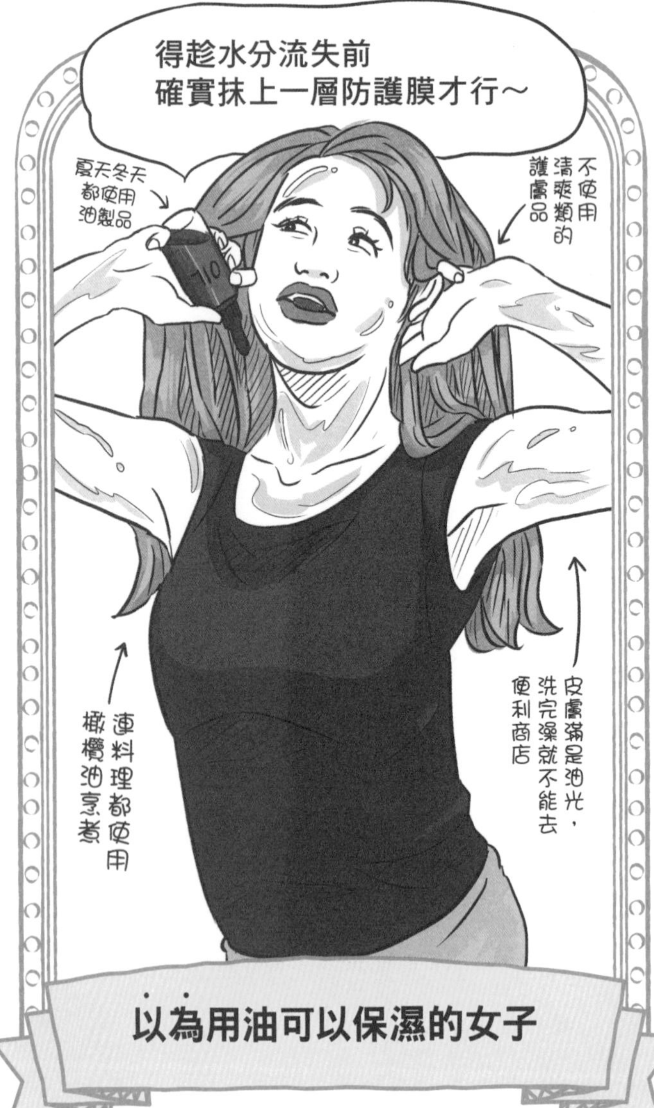

特徵

- 為了保濕，洗臉後都用油保養
- 採信油比乳霜更無敵的說法
- 枕頭都變得油油的

DATA

重視保濕護理

美白度：★★☆
滋潤度：★☆☆
不希望潤澤流失：★★★

油不是保濕劑而是「保護劑」！肌膚內部不會因抹油而變滋潤，反而容易乾燥

Check 1

油的任務是像面紗般覆蓋肌膚予以「保護」

我們來複習一下吧。肌膚護理的目的，在於調整掌管保濕&屏障機能的「角質層」。因此前面已經說過，首要之務是**補充存在於角質層的「水分」與「神經醯胺」**。

另一方面，「油」是用來代替覆蓋角質層的「皮脂」。可以作為防止化妝水蒸發的「防護膜」，或是保護肌膚免於外部刺激的「保護膜」。但**這是「保護」而非保濕**。肌膚本身並不會變得滋潤。

Check 2

一旦過度供給油分，肌膚的皮脂分泌會減緩

乾性肌的女子往往愈會採用油類護理。不過要是過度供給油分，肌膚的「皮脂」就會減緩分泌，**肌膚內部反而會更乾燥**。請務必理解一點：乾燥時多少塗一些油是不錯的，但沒必要每天都進行油類護理。

此外，卸妝液以「油脂」最為合適，但這終究是要沖洗掉的產品。油脂容易氧化，如果塗抹一整天，接觸空氣便會氧化，所以**要留意勿大量塗抹**。

かずのすけ格言　塗在肌膚上的油＝「保護」油。

油的種類與各自的優缺點

●「碳氫化合物油（礦物油等）」若直接塗抹於肌膚會乾澀。嬰兒油主要也是碳氫化合物油！

●塗抹碳氫化合物油或酯油，雖然可以「保護」肌膚免於刺激或乾燥，卻無法「保濕」。

●「油脂」有保濕作用但會氧化，因此肌膚護理時僅限少量使用。

CHECK 1

不能直接塗抹的「碳氫化合物油」

僅以碳與氫構成且油性強烈的油，即稱為「碳氫化合物油」。礦物油、凡士林、角鯊烷等皆屬於此類。塗完乳液等再抹上這些並不會有問題，但如果直接塗抹於肌膚上，就會吸附皮脂而導致乾澀。塗抹在用水沾濕的肌膚上也一樣，須特別留意。

油的3種分類

一起來認識油的3種類型吧！

碳氫化合物油

穩定性最高，而且對皮膚刺激性最低的油。相當優秀的肌膚保護劑，以礦物油與凡士林最受喜愛。其中又以角鯊烷的親膚性最佳。不過安全性雖高，肌膚的保濕效果卻很低，直接塗抹還會吸附皮膚內部的油分而導致乾燥。

「碳氫化合物油」範例	
礦物油	液態石蠟
凡士林	角鯊烷
氫化聚異丁烯	微晶蠟
異構十二烷	異十六烷

酯油

作為美容油，以「荷荷芭油」最著名，其他則以合成製成的合成酯為主流。具有介於碳氫化合物油與油脂之間的性質，穩定性高，屬於相當優秀的肌膚保護膜，但同時也有介於兩者之間的缺點。

「酯油」範例	
荷荷芭油	棕櫚酸異丙酯
三異辛酸甘油酯	異壬酸異壬酯
肉荳蔻酸異丙酯	異硬脂醇月桂酸酯

油脂

動植物所生成的油，肌膚原有的保護膜「皮脂」也屬於此類。保濕作用與親膚性絕佳，還具有軟化肌膚的作用，作為美容油而備受矚目。不過有穩定性的問題，有時會在肌膚上分解而造成刺激，或是形成面皰，因此要留意使用量。

「油脂」範例	
澳洲胡桃油	摩洛哥堅果油
橄欖油	馬油
米糠油	山茶花油
椰子油（椰油）	番紅花油
葵花油	芝麻油

CHECK 2

使用油脂時，請以極少量為基準

角質層保濕需要的是水分或神經醯胺。油脂具有和皮脂類似的性質，所以塗在表面可形成類似皮脂的保護膜。但即使什麼都不做，皮膚也會自行分泌皮脂，因此使用油脂進行護膚並非必要。過度塗抹可能會形成面皰，恐怕還會因為氧化而促使肌膚老化，因此將油脂類的油用於肌膚護理時，要留意避免過度塗抹。盡量控制在1～2滴，可以薄薄抹開的程度最為理想。

「100%原液」是誇大之詞！當心「原液推銷手法」

- 原液並不等於原料本身。彩妝保養品的成分基本上是「粉末狀」，而非黏稠液狀。
- 用水或溶劑稀釋粉末狀的有效成分製成之物（＋防腐劑等）＝「原液」。
- 原液並無明確的定義，因此儘管只加了微量成分，也都稱為「原液」、「100%原液」。

CHECK 1

「原液」＝以溶劑稀釋成分製成之物

認為寫有「○○原液」的彩妝保養品就代表「沒有多餘添加物，100%使用該成分製成」，這是個誤解。彩妝保養品的成分基本上是粉末狀，原液中常見的胎盤素、玻尿酸、維生素C、膠原蛋白與神經醯胺等也都是粉末。利用水或溶劑稀釋這些成分並添加防腐劑等製成之物，即為原液。

「原液」的組成

所謂的「原液」，是指以水或溶劑（BG、乙醇等）將粉末狀的有效成分加以稀釋，並因應需求添加防腐劑製成之物。「100%原液」並不等於使用了100%的成分。

CHECK 2

實際上有些原液極為稀薄

原液並無明確的定義，即便只添加幾近於零的有效成分，也可以稱為「原液」。一般濃度連1%都不到，其中還有些產品的濃度比一般彩妝保養品還低（雖然並不是高濃度就一定好）。

此外，雖然號稱是「100%原液」，仍有添加溶劑（BG、乙醇等）或防腐劑。

かずのすけ語録

宣稱「100%原液」的彩妝保養品是一種原液推銷手法。

「無所作為的肌膚護理」值得挑戰嗎？

特徵

- 聽聞「肌斷食很好」，便一口氣停止所有保養
- 在此之前是做到盡善盡美的肌膚護理派
- 對只用溫水洗頭的方法也有興趣

DATA

多方嘗試得到結論

美白度：★☆☆
滋潤度：★☆☆
飲食
毫不忌口：★★★

NG的
肌膚護理

做好正確的保濕不吃虧。在能承受肌膚變粗糙之前，不必急於肌斷食

對輕熟女而言不切實際，做好「輔助」肌膚的保濕為佳

「肌斷食」是指「完全不使用洗面乳或基礎保養品」。此法在理論上並沒有錯。肌膚會自行分泌水分或油分，**使用保養品補給洗臉洗除的水分或油分，此舉本來就很匪夷所思**。話雖如此，因為女性通常都會化妝，為了防止紫外線也應該塗抹防曬品或擦粉。這麼一來很難不卸妝或洗臉，因此有必要使用最低限度的優質保濕劑來**輔助角質層的作用**。

Check 2

突然肌斷食會讓肌膚措手不及！保養程度的落差會導致嚴重肌荒

舉例來說，每天拚命洗臉的人，肌膚會試圖補足脫掉的油脂而分泌大量皮脂。這種肌膚的習慣，**不會因為改變肌膚護理方式而立即出現變化（＝肌膚的恆常性）**。即使突然停止洗臉，肌膚依然會分泌大量的皮脂，導致形成面皰。一直以來都做好萬全保濕的人若突然中斷保濕，會使肌膚變得乾澀（有種方法是單抹凡士林來解決乾燥問題，但因為是偏硬的油，須當心毛孔堵塞）。**請循序漸進地降低洗淨力或保濕力**！

かずのすけ格言　突然要仿效從來不保養的美肌女子，也是徒然。

卸妝品比「美容液」更值得投資

只在美容液上小小揮霍的女子

特徵

- 砸最多錢的就是美容液
- 房間裡擺放成排依效果分類的美容液
- 存款餘額慘不忍睹

DATA

美容液是魔法液 !?

美白度：★☆☆
滋潤度：★★☆
抗老化：★★☆

很遺憾，有價值的美容液「寥寥無幾」。與其拚命尋找，不如投資在卸妝品上！

Check 1

盡是一些效用與價格不符「自稱美容液」的產品

「美容液的效果卓著，所以稍微貴一點也是沒辦法的事啦～」有這種想法的女子不在少數。但是，**「美容液」這個名稱並沒有明確的定義**。與成分或質地無關，彩妝保養品公司只要這樣命名，產品就會搖身一變成為美容液，不容任何人置喙。

成分幾乎和化妝水或乳液無異、「自稱美容液」的產品多不勝數。就連這類商品只要打出美容液的名號，即使價格稍高消費者也能接受，可說是絕佳的搖錢樹。

Check 2

通往美肌的捷徑：與其用美容液 不如選用優良的卸妝品

如果想美白或抗老化，只要使用添加相關成分的化妝水或乳霜就綽綽有餘。當然也有很優秀的美容液，卻是寥若晨星。要從中挖掘委實不易，與其賭在那些渺茫的可能性上，不如把重點放在必備的卸妝品要來得更明智。洗臉無論如何都會刺激肌膚，**使用半吊子的產品是無法往美肌之路邁進的**。既然有錢砸在美容液上，不如**投資在卸妝品或洗面乳上**。

かずのすけ格言　居然還有「防曬美容液」之類的產品，簡直是無所不有。

かずのすけ推薦的美容成分清單

	成分名稱	概要
護膚成分	雨生紅球藻油	含有萃取自海藻的蝦紅素精華。因強效的抗氧化成分而呈鮮豔紅色的色素。
	巴勒斯坦側金盞花精華	含有萃取自植物的蝦紅素精華。為強效的抗氧化成分。
	胎盤素精華	自動物胎盤中萃取出的精華，具有美白作用與消炎作用等功效。亦登錄為有效美白成分。
	人體型神經醯胺 （神經醯胺○○）	結構和存在人體肌膚的物質如出一轍的神經醯胺，增強肌膚屏障的效果最佳。詳見下方另一個表格。
	甘草酸鉀	最常用的消炎成分。
	澳洲胡桃油	據說是與人體肌膚油分最為相近的植物油脂。具有軟化肌膚的作用。
	脂溶性維生素 C	脂溶性維生素C誘導體。效果穩定且皮膚刺激性低，是適合敏感肌的抗氧化成分。
	維生素 C 磷酸酯鎂	磷酸酯型維生素C誘導體。在登錄為有效美白成分的維生素C誘導體中，安全性與效果的均衡度最佳。
護髮成分	羥高鐵血紅素	協助傳送氧氣的蛋白質，具有緩和氧化還原反應的作用。能讓殘留藥劑迅速失去活性。
	角蛋白 水解角蛋白	和毛髮完全一樣的蛋白質。利用其氧化便會凝結的性質，附著在毛髮的受損部位並加以凝結，即可修補損傷。水解型較能滲透至毛髮內部。
	Gamma-Docosalactone 白池花內酯	內酯誘導體。具有透過加熱即可與毛髮結合的性質，因而成為肩負提高耐熱性與保護毛髮作用的特殊成分。
	澳洲胡桃油	據說是與毛髮油分最為相近的植物油脂。具有軟化毛髮的作用。
	植物固醇澳洲堅果油酸酯	自澳洲胡桃油生成的軟化成分。具有軟化毛髮的作用。
	季銨鹽 -33	以毛髮必備脂質「18MEA」為主的毛髮親和型陽離子界面活性劑。

●神經醯胺成分一覽表

	成分名稱	概要
人體型神經醯胺	神經醯胺 1／神經醯胺 EOP 神經醯胺 2／神經醯胺 NS 神經醯胺 3／神經醯胺 NP 神經醯胺 6 II／神經醯胺 AP 神經醯胺 9／神經醯胺 EOS 神經醯胺 10／神經醯胺 NDS	為人體型神經醯胺。存在於人類皮膚的屏障機能物質，能夠守護皮膚使其免於外部的乾燥或刺激。有數據顯示，異位性皮膚炎、敏感肌與熟齡肌的神經醯胺不足，可透過外部補給來補足肌膚的這道屏障機能。
合成神經醯胺	Hexadecyloxy PG hydroxyethyl hexadecanamide 鯨蠟基 -PG 羥乙基棕櫚醯胺	為類神經醯胺的一種。此成分的作用近似於人類肌膚角質層中的神經醯胺。可以透過外部補給來提高肌膚的屏障機能。
	月桂醯谷氨酸酯 （植物固醇／辛基十二醇）	為類神經醯胺的一種。長年廣泛用於製造商的商品中，安全性與實用性有口皆碑。
植物神經醯胺	米糠鞘糖脂	為神經醯胺類似物，含有自米中萃取出的糖神經醯胺（葡萄糖神經醯胺）。糖神經醯胺是神經醯胺的前驅物，作用和神經醯胺相似。
動物神經醯胺	馬神經醯胺 腦苷脂 （原料名稱 ： Bioseramido）	為神經醯胺類似物，含有自馬油中少量萃取出的糖神經醯胺（半乳糖腦苷脂）。糖神經醯胺是神經醯胺的前驅物，作用和神經醯胺相似。

かずのすけ認為可惜的美容成分清單

成分名稱	概要
矽酸鋁燒製品	取自火山灰，為吸附髒汙的成分，但是結晶呈尖銳狀構造，進入眼睛有傷害視網膜之虞。
木瓜酶	取自木瓜的蛋白質分解酵素。調配於酵素洗顏產品中。由於會分解角質，因此對皮膚的刺激性強。有從眼睛黏膜侵入而誘發過敏的風險。
蛋白酶	蛋白質分解酵素。調配於酵素洗顏產品中。由於會分解角質，因此對皮膚的刺激性強。有從眼睛黏膜侵入而誘發過敏的風險。
金縷梅水 金縷梅精華	萃取自金縷梅的精華，利用其對蛋白質的刺激性，調配作為收斂成分。對敏感肌的刺激性強，因此須留意。
單寧	利用其對蛋白質的刺激性，調配作為收斂成分。對敏感肌的刺激性強，因此須留意。可收斂汗腺，也會作為制汗或除臭成分等來運用。
對苯二酚	在美容皮膚科等是作為強力美白劑的成分來運用，但是副作用強，如果添加於彩妝保養品中而經常使用，引發白斑等的風險很高。並非醫藥外用品，但是會以彩妝保養品的形式在市面上流通。
視黃醇棕櫚酸酯 視黃醇乙酸酯	為視黃醇（維生素A）誘導體。促進皮膚活性代謝的作用值得期待，但缺點是對皮膚造成刺激的報告無數。
硬脂基三甲基氯化銨 十六烷基三甲基溴化銨	此成分為陽離子界面活性劑中，刺激性最強的類型。為四級銨陽離子。濃度高則對皮膚的刺激性強。基本上禁止調配於彩妝護膚品中。
月桂基硫酸鈉	為至今實際使用的物質中，最古老的合成界面活性劑。刺激性與殘留性均強，因此日本國內的製造商目前幾乎都不使用。
甘醇酸	為α羥基酸的一種，用於化學換膚劑中。調配於彩妝保養品中的換膚效果弱，還多少有刺激皮膚之虞。
水楊酸	為β羥基酸的一種，用於強效化學換膚劑中。此成分的刺激性強，即使調配於彩妝保養品中也只能作為防腐劑，除此之外應避免調配使用。
尿素	能藉蛋白質變性作用有效軟化皮膚。調配於護手霜等，但僅能軟化皮膚，使用頻率高會導致肌膚屏障降低，因此須留意。
碳酸鈉	溶於水中會產生二氧化碳，經常利用此性質來製作類碳酸。然而此成分為鹼性，和弱酸性的碳酸是截然不同之物。
乙二醇	以前也會作為彩妝保養品的保濕劑來運用，但是體內吸收後會代謝出一種名為草酸的毒物，現在基本上不會調配於彩妝保養品中。
乙炔基雌二醇	具女性荷爾蒙作用的成分。賀爾蒙類成分的效果雖大，但經皮吸收作用很強，即使只有極微量也可能會影響體內賀爾蒙的正常分泌。

過於低廉的彩妝保養品裡暗藏可怕的玄機

特徵

- 護膚品的陣容清一色是百圓商品
- 對自己的肌膚很耐操這點頗有自信
- 總之大量使用化妝水就對了

DATA

能買到便宜貨就開心

美白度：★☆☆
滋潤度：★☆☆
把錢全用於興趣上：★★★

不滿1000日圓的基礎彩妝保養品 不可能多優秀！輕熟女該畢業了

Check 1

原料也有「等級」之分。低等原料中還含有不純物質

實際上，製作成本不到100日圓的彩妝保養品是很簡單的。彩妝保養品的成分也有分「等級」，舉例來說，即便都是「玻尿酸」，**使用最低等級的成分，即可以低價製作出彩妝保養品**。

然而等級低的原料純度較低，有時會含有**具刺激性的不純物質**。以前就曾經發生從百圓商店的美甲品中，檢驗出不合日本規定的「甲醛」成分，即為一例。

Check 2

基礎彩妝保養品的合理價格大約是1000~5000日圓

若以擁有美肌為目標，**不滿500日圓的基礎彩妝保養品最好避而遠之**。雖然不一定是劣等貨，但也不能期待有什麼效果。

然而也不能斷言愈昂貴就愈優秀。舉例來說，**500日圓的化妝水和5000日圓的化妝水，後者的品質必然高得多**。但是基礎彩妝保養品只要超過5000日圓，任何商品的品質都沒有太大的差異，大多是因為容器或廣告等而產生價差。基礎彩妝保養品的**合理價格是1000~5000日圓左右**。

彩妝保養品的價格與效果成正比嗎？

大略重點整理的話……

● 價格100日圓～1000日圓以下的基礎彩妝保養品，有時是利用低等原料來壓低價格。

● 在5000日圓以下的範圍內，價格&品質基本上成正比。超過該範圍，就是內容物以外的差異了。

● 超過10000日圓的彩妝保養品與5000日圓左右的彩妝保養品，內容物的品質幾乎沒有差異。

CHECK 1

低等原料之中蘊藏著風險

彩妝保養品的原料也有「等級」之分，使用低等原料即可以較低的價格商品化。然而卻可能有「不純物質」等混雜其中……。

數百日圓的彩妝保養品如果只是無效倒還不打緊，以前也曾有過因為不純物質而引發刺激或危害健康的案例。即便是人氣成分，等級低則品質也差。

基礎彩妝保養品的價格與品質的相關示意圖

在5000日圓以內，價格＆品質的關係幾乎成正比。一旦超過該金額，即使價格提高，品質也會持平不變。500日圓與5000日圓的商品品質相差甚鉅，而5000日圓與20000日圓的品質，則沒有像價格有那麼大的差距。

［彩妝保養品的價格與品質的關係示意圖］

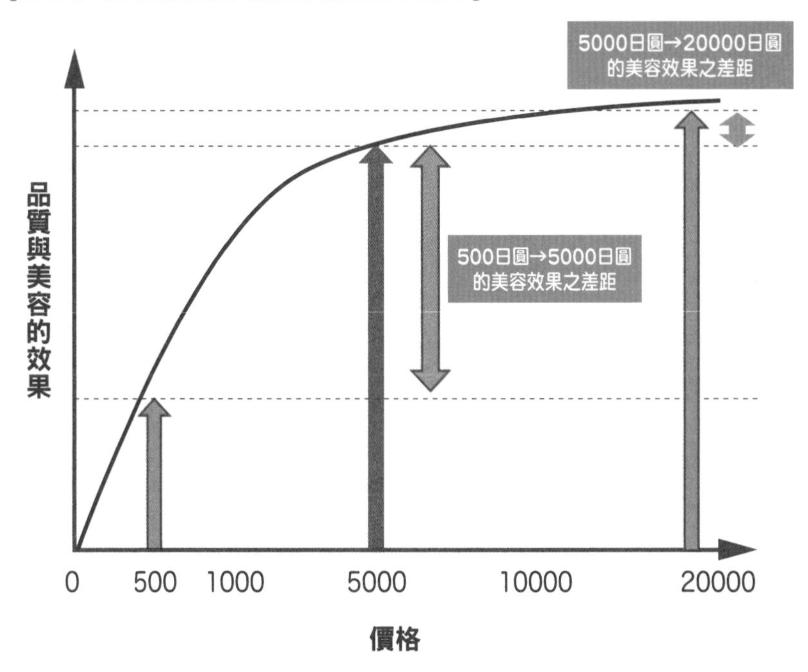

CHECK 2

彩妝保養品價差的箇中緣故

在5000日圓以內的彩妝保養品，價格與品質大抵上是成正比的，若超過該金額，任何商品在品質上都沒有太大的差異。即便花更多錢，品質提升的空間也有限，很難有太大的變化。超出5000日圓的部分，幾乎都是包裝、品牌價格或廣告費等的差異。

かずのすけ語錄

要價好幾萬日圓的彩妝保養品，講白了……都是敲竹槓。

殺菌劑會讓痘痘肌逐漸深陷泥沼

因為殺菌劑
而無止盡冒痘的女子

特徵

- 頭號煩惱是長大成人後仍滿臉痘花
- 護膚時在殺菌上不遺餘力
- 有支愛用的洗臉刷

DATA

消滅臉上的細菌

美白度：☆☆☆
滋潤度：☆☆☆
必備
遮瑕膏：★★★

殺菌劑反而會增加面皰，嚴禁使用！

也有人好幾年來深受嚴重面皰之苦……

Check 1

消滅痤瘡丙酸桿菌後，緊接著換外部雜菌大暴走！

殺菌劑是用來消滅一般被視為冒痘原因的「痤瘡丙酸桿菌」。然而諷刺的是，很多時候就是它害面皰惡化的。

人類的肌膚上存有「皮膚常在菌」，可以守護肌膚遠離外部雜菌。痤瘡丙酸桿菌是**皮膚常在菌的一種，原本是好菌**。而殺菌劑會一併消滅包含痤瘡丙酸桿菌在內的皮膚常在菌。換言之，雖然可以消滅痤瘡丙酸桿菌，但往往也會導致外部雜菌增生而使面皰增加。

Check 2

持續使用會使肌膚變弱，最糟會淪為天天得與殺菌劑為伍

殺菌劑中又以洗面乳或化妝水這類會沾附於全臉的商品最糟糕。倘若持續使用，**臉上的皮膚常在菌會逐漸減少，導致肌膚功能失常**，只要一點小小刺激就會鬧肌荒。肌膚愈來愈脆弱，雜菌也逐漸適應殺菌劑，若是不用更強效的殺菌劑就殺不死雜菌。若想改用無殺菌作用的一般護膚品，**雜菌就會繁殖而一下子爆發肌荒**。最後，要是少了殺菌劑就無法維持肌膚正常，有些人的肌膚還因此變得破爛不堪。

かずのすけ格言 使用殺菌劑是面皰地獄的開端。

事先理解 面皰形成的機制

- ①過剩的「皮脂」堵塞住毛孔，而將「痤瘡丙酸桿菌」鎖於毛孔之中。
- ②這麼一來，痤瘡丙酸桿菌便會以皮脂為食，在毛孔中繁殖而引起發炎，即為「面皰」。
- 換句話說，最根本的原因並非痤瘡丙酸桿菌，而是「皮脂」過剩堵塞毛孔。

CHECK 1

面皰形成的機制為何？

對於肌膚而言，痤瘡丙酸桿菌本來是相當重要的「皮膚常在菌」之一。

然而「皮脂」一旦堵塞毛孔，位於毛孔內的痤瘡丙酸桿菌就會被鎖於其中。痤瘡丙酸桿菌最愛的便是皮脂，因而會在毛孔中繁殖，有時還會引起發炎。此發炎狀態即為「面皰」。

面皰產生的過程

來檢視正常肌膚從長出面皰、惡化到形成凹疤為止的過程吧。

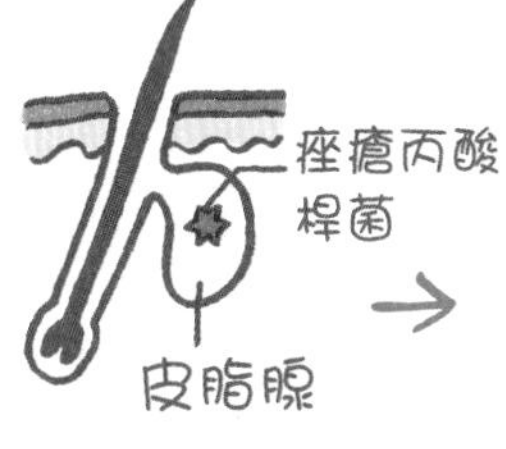

正常皮膚的毛孔開口處於張開的狀態。

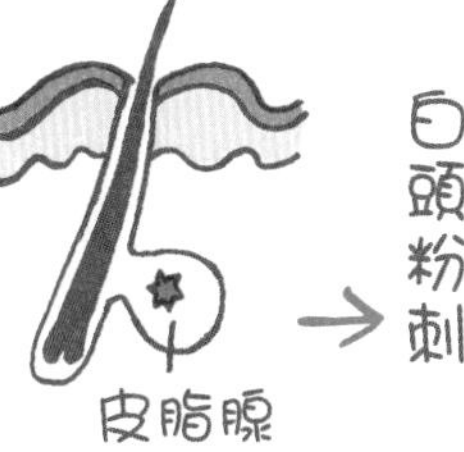

放任髒汙不理或是過度洗臉所造成的刺激，會使毛孔的角質層變厚，並導致毛孔堵塞。有時也會受到賀爾蒙的影響而分泌過多皮脂。

一旦毛孔開口處堵塞而皮脂堆積，痤瘡丙酸桿菌便會增加。白頭粉刺氧化後即為黑頭粉刺。

毛孔內部發炎，四周會變得又紅又腫。白血球聚集於毛孔內及其四周，攻擊痤瘡丙酸桿菌。惡化後若化膿，便會形成黃痘（膿皰）。

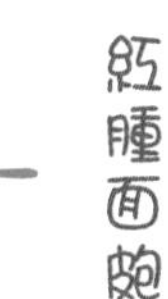

持續發炎會破壞毛孔壁並往外擴。嚴重發炎就會凹陷而形成凹疤。

CHECK 2

過剩的皮脂堵塞毛孔是最根本的原因

一般的痤瘡丙酸桿菌不僅能夠分解皮脂，還可以讓肌膚維持弱酸性，藉此防止雜菌繁殖（雜菌無法在弱酸性的環境中生存）。請務必理解，形成面皰的根本原因不在於痤瘡丙酸桿菌，而是過剩的皮脂堵塞毛孔所致。

此外，紅腫且伴隨著疼痛與化膿的膿皰並非面皰，而是一種名為「癰」的東西，肇因於「金黃色葡萄球菌」。在這種狀況下，服用殺菌劑或抗生素是有效的方法。

一旦依賴面皰藥，抹過藥的部位還會再復發!?

特徵

- 長痘就立刻抹面皰藥
- 包包裡必放的就是面皰藥
- 巧克力是天敵！

DATA

整年都是痘痘肌

美白度：★☆☆
滋潤度：☆☆☆
藥品依賴：★★★

「先塗面皰藥再說」的觀念要改！
抹過藥的部位也會陷入面皰的無限輪迴

Check 1

暫且應付當下的護理
只會讓面皰反覆發作

無論是市售品還是皮膚科的處方藥，「對付面皰，先抹面皰藥再說」的這種做法，請各位三思！

如果冒痘痘是出於「生理期前」、「吃了油膩食物」這類確切的特定原因，**暫時抹藥是OK的**。但若是原因不明還仰賴藥物就是NG做法。如此確實能復原，但這只不過是**對症治療法**。由於根本原因尚未解決，就有可能反覆冒痘。

Check 2

長期用藥會因殺菌＆角質剝離作用
導致肌膚衰弱或是肌膚失去平衡

很多面皰藥都是利用殺菌作用或角質剝離作用來改善面皰。面皰形成後，其周邊的角質會變厚，因此角質剝離作用便是**將角質剝離以促使毛孔中的面皰排出**。然而藉著藥品的力量強迫剝除角質，對肌膚而言是一種刺激。持續這麼做反而會讓肌膚變硬，而且該部位的**肌膚會失去平衡，變得容易頻頻冒痘與鬧肌荒**。

かずのすけ格言　面皰藥也會孕育出面皰。

依案例區分，面皰的正確治療法

大略重點整理的話……

- 臉頰或下巴的成人痘，請改善導致皮脂過剩的生活習慣或肌膚護理（※生理期前的面皰除外）。
- 想要儘早復原，使用具消炎作用的無油保濕劑為佳（※化膿面皰則用殺菌劑或抗生素）。
- 臉上的嚴重面皰是錯誤保養造成的肌膚反撲，因此須修改為正確的保養，面對長期抗戰。

CHECK 1

臉頰或下巴形成成人痘的成因

面皰的原因在於過剩的皮脂。生理期前往往會受到賀爾蒙影響而使皮脂增加，因此生理期前的面皰實屬無奈。撇除此因素，輕熟女之所以會皮脂過剩，幾乎都是出於以下原因。

①過油的食品。②睡眠不足或壓力引發男性賀爾蒙增加。③油分多的肌膚護理。

依症狀區分的面皰治療法

面皰大致分為4類。每種症狀與處理方式各異，因此必須配合面皰類型來保養。

[成人痘]

原因多半出在「飲食」、「睡眠」與「壓力」，因此首要之務是改善生活環境。此外，攝取已氧化的油炸用油或零食等難以分解的脂肪會很容易冒痘。成人痘和生活失調所引起的皮脂量增加息息相關，比起透過肌膚護理來調整，應該先矯正生活才對！

[青春痘]

受到10幾歲青春期的賀爾蒙波動而導致皮脂量增加，才會冒出這類面皰。只是暫時性的，置之不理也會自然痊癒。沒必要就醫。若進行長期的殺菌治療或強效洗淨，很多時候會因為藥物的副作用而轉為慢性痘。同理，生理期的面皰也是受賀爾蒙的影響，所以不必太在意。

[慢性痘]

反覆利用長期殺菌、強效洗淨或促進代謝的醫藥品來對付青春痘，結果就是造成肌膚常在菌環境或皮膚代謝異常，陷入慢性痘的狀態。改變以殺菌或洗淨為主的護膚方式即可根治，但改善起來相當耗時。即便出現暫時的惡化，也要有耐心地持之以恆。

[化膿痘]

又稱為「癰」，伴隨著紅腫與疼痛的膿皰。好發於感冒、睡眠不足或身體狀況不佳之際。一般普遍認為是細菌侵入毛孔內部，或是因免疫力下降導致常在菌過度繁殖等所引起，然而原因各式各樣，實在難以斷定。趁膿皰還小時先塗抹抗生素或殺菌劑，頗見成效。

CHECK 2

冒痘痘時的肌膚護理

雖說面皰主要肇因於皮脂過剩，但刻意讓肌膚乾燥是NG做法。肌膚一旦乾燥就會分泌皮脂潤澤肌膚，所以會對面皰產生反效果。務必要做好正確的保濕。

油單純只是「保護劑」。能讓肌膚保濕的是「水分」而非油分。尤其面皰的成因在於油分，所以無油的保濕劑（化妝水、凝膠等）最為合適。此外，面皰意味著毛孔正處於發炎狀態，因此建議使用調配了消炎劑的產品。

在皮膚科取得的保濕劑不該充當美妝品使用

特徵

- 使用醫藥品進行日常的肌膚護理
- 追求「絕對的效果」
- 一有狀況就立刻直奔醫院！

※ 醫藥外用品：指調配了效果得到日本厚生勞動省承認的「有效成分」，雖然不到醫藥品等級，但這類商品的「預防」等效果優於彩妝保養品。

DATA

依賴醫藥品

美白度：★★☆
滋潤度：★☆☆
健保有給付
也別具魅力：★★★

醫藥品都帶有「副作用」。若是當作美妝品使用，有時會引發意想不到的問題

Check 1

若為美容目的而於平日使用，難以預料會有何種副作用

皮膚科開出的外用藥屬於「醫藥品」，所以**效果壓倒性地優於彩妝保養品或是醫藥外用品**（※）。因此也有女性會想用於平常的肌膚護理中。

然而，醫藥品最初**並未預想到為了美容目的而持續使用的情況**。副作用的數據終究是作為藥品短期使用之際採集而成的。即便是副作用少的醫藥品，若是當作美妝品天天使用，很可能會面臨意料之外的副作用。

Check 2

若長期使用也會出現醫藥品特有的缺點

聽說某種開給乾性皮膚患者等的保濕劑效果卓著，因而受到部分女性的關注。

然而所謂的醫藥品，是以患者於短期間使用為前提所設計的藥物。因此敏感肌的人若每天使用，**儘管十分細微，有些成分仍會造成刺激**。此外，這類醫藥品的使用感覺只是其次，因此有些油分含量很高，稍有不慎就會**導致面皰等**。若照自己的方式使用醫藥品很可能會嘗到苦頭，這點請銘記於心。

面膜的刺激性勝過效果!?

特徵

- 早晚洗臉後必敷面膜
- 會嘗試蝸牛或胎盤素等獨特的成分
- 會使用卡通人物面膜並上傳IG

DATA

面膜是不可或缺的

美白度：★★☆
滋潤度：★☆☆
敷得比規定時間還要久：★★★

NG的肌膚護理

面膜的刺激性勝過美肌效果!?敏感肌有時只敷過 1 次就會鬧肌荒

面膜的美容成分含量極少。靜置期間不好的成分反而會產生作用

片狀面膜或造型面膜，都能讓人享受女子力提升的感覺。如果認為「美肌成分應該正不斷滲透進去♪」，很遺憾這種想法是錯的。

保養品終究是**水與化學物質的混合物**。而片狀面膜的成分**幾乎都是水**，僅添加極少量對肌膚有益的成分。把面膜貼附在臉上，並靜置好幾分鐘的話會如何？**不好的成分反倒很可能會引起刺激**。

Check 2

面膜的滋潤效果僅限當下。肌膚反而會因水分過剩而發皺

肌膚因為敷了面膜而變得有彈性，這種效果僅限當下。不僅如此，掌管肌膚屏障的「角質層」還有個特性：含水量過多會變得脆弱。如果頻繁利用面膜保濕，**肌膚有時也會像長時間泡澡那樣膨脹發皺，角質層的屏障還會逐漸減弱**。

包含洗淨與美白型的面膜在內，敷面膜最好以**每週 1 次左右**為限。不過敏感肌或是異位性皮膚炎的女性，有時只敷 1 次就會鬧肌荒，所以要特別留意！

かずのすけ格言　面膜提高的不是保濕力，而是好心情。

粉刺護理愈做愈會形成「草莓鼻」

特徵

- 年過20後便一直很在意草莓鼻
- 利用市售的毛孔清潔面膜進行護理
- 撕下粉刺面膜後清潔溜溜的感覺很有快感

DATA

特色＝草莓鼻

美白度：☆☆☆
滋潤度：☆☆☆
還會用手指擠出粉刺：★★★

NG的肌膚護理

毛孔中的粉刺愈拚命拔愈多！還會導致面皰，簡直「雪上加霜」

強效的肌膚護理才是孕育巨大粉刺的關鍵原因

為鼻翼上的粉刺或暗沉而苦惱的女子，往往會使用能將毛孔髒汙一掃而空的洗面乳或面膜等。然而，**此舉正是惡性循環的開始**。

無論什麼樣的美肌都會有粉刺，只是不明顯罷了。有「草莓鼻」的人的問題在於，粉刺會不必要地**「巨大化」，因而衝出張開的毛孔顯露出來**。這是**洗淨力或刺激性強的肌膚護理**所致。換言之，強效粉刺面膜等可說是增加粉刺的產品。

Check 2

若一點不留地拔除粉刺，「雜菌」會侵入毛孔中！

追根究柢，粉刺原是為了守護肌膚，以防「雜菌」等侵入毛孔之中。一旦將粉刺拔個精光，**雜菌在毛孔中繁殖，便容易引起面皰或發炎**。徹底掃除未必是好事。

粉刺不必要地「巨大化」並從毛孔顯露出來，這才是問題所在，因此沒必要全部拔除。**只要將從毛孔中顯露出來的部分徹底清除乾淨即可**。

かずのすけ格言　粉刺愈拔，只會徒增粉刺和面皰。

形成粉刺的原因在於對肌膚的刺激！

● ①強效的肌膚護理引起毛孔發炎，「角質」會試圖修復而堆積變硬。

● ②毛孔被角質堵塞，裡面的皮脂無法排出，和角質混合後形成巨大的「粉刺」。

● ③粉刺內的皮脂或是麥拉寧色素一旦在肌膚表層氧化，就會轉為「黑頭粉刺」。

CHECK 1

皮膚形成粉刺的過程

一旦刺激肌膚就會引起毛孔發炎。如此一來，「角質」便會為了修復而堆積於毛孔的周圍並變硬。毛孔中的皮脂被發硬的角質鎖在其中，和角質混合後逐漸形成大顆的「粉刺」。毛孔也因而撐開，巨大化的粉刺便會從中顯露出來。

粉刺形成的機制

毛孔中的「皮脂」一般都會隨著新皮脂的分泌而被往外推擠、排出。然而，一旦強效的肌膚護理對皮膚造成傷害，「角質」就會變厚，導致內部的皮脂無法排出。這些皮脂與角質混合後即形成「粉刺」。毛孔也會隨著粉刺的巨大化而撐開，於是粉刺便從擴大的毛孔中顯露出來。

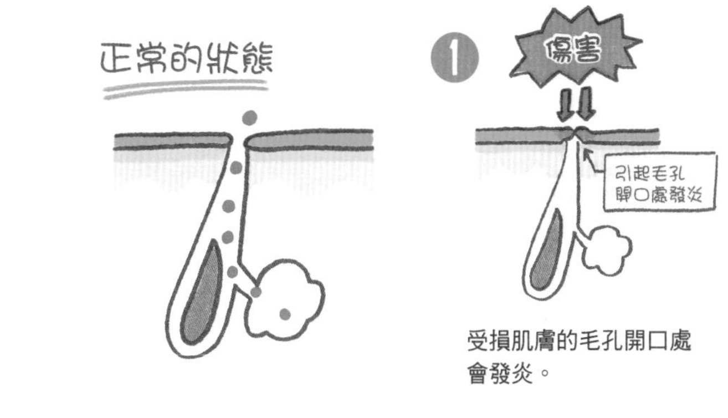

受損肌膚的毛孔開口處會發炎。

角質的代謝旺盛，皮脂塞住毛孔。

塞滿皮脂與角質而形成粉刺。

角質硬化，毛孔更加堵塞而發黑暗沉。

CHECK 2

粉刺變黑的原因何在？

粉刺的真面目是皮脂&角質的混合物。這些角質有時會含有「麥拉寧色素」。

粉刺中的麥拉寧色素或皮脂，一旦在肌膚表層氧化就會變黑，因此毛孔才會發黑。

かずのすけ語録

鼻翼發紅正是毛孔發炎的徵兆！請重新審視護理方式。

對付草莓鼻的私藏妙招

大略重點整理的話……

- 只要在令人在意的粉刺部位塗上優質的「油脂卸妝品」，靜置5分鐘左右後洗掉即可。
- 每天進行並持續約1個月。之後只須使用油脂卸妝品來卸妝即可。
- 全面停止毛孔護理（粉刺面膜、磨砂膏、酵素洗面乳、緊緻毛孔型的保養品等）。

CHECK 1

全面禁止針對毛孔進行護理！

形成粉刺的根本原因在於對肌膚的刺激。因此去角質、毛孔緊緻型洗面乳或保養品、強效美白成分（維生素C等），一律禁止使用。用洗臉刷或指甲擠出粉刺更是錯誤之舉。洗臉前用蒸熱的毛巾敷在臉上雖沒壞處，但卻毫無意義。只須進行正確的洗臉&保濕即可。

使用油脂的粉刺護理

粉刺總是令人耿耿於懷，在此介紹對付草莓鼻的方法。

使用產品

選擇這類的！

油脂卸妝品

❶成分標示的「第一項」標示為油脂（澳洲胡桃油、酪梨油、摩洛哥堅果油、米糠油、橄欖油、向日葵花籽油等）的產品。即便只有微量，只要加了「礦物油」的產品都要避免。

❷帶刺激性的產品會有反效果，因此要選擇優質的商品。倘若預算有限，雖然效果較差，亦可使用上述油脂的稀釋液。

方法

只要在令人在意的粉刺部位塗上油脂卸妝品，靜置約5分鐘後洗掉即可。沒必要搓揉。

護理的頻率

只有最初的2週左右～1個月，基本上要每天進行。之後則是在卸妝時照常使用油脂卸妝品，每週穿插1～2次靜置5分鐘後洗掉的方式。

CHECK 2

油脂卸妝品是粉刺的救世主

我們之所以會形成粉刺，是因為皮膚表層的「角質」堆積、變硬的緣故。建議使用「油脂卸妝品」來進行粉刺護理。油脂具有軟化角質的效果，有助於排出塞在毛孔裡的粉刺。

肌膚新陳代謝快的人只需約1個月，有些症狀較輕的人，透過這樣的簡單護理就能有所改善。不過要讓已經撐大的毛孔閉合則較為費時，嚴重的人有時要耗費1年左右的時間。

NG的肌膚護理女子圖鑑

24

過度使用抗老化產品，年紀輕輕就變歐巴桑肌!?

特徵

- 年過30後，「抗老化」產品便成了美妝品的首選
- 希望凍齡在當下這個時間點（或稍前）！
- 服裝都會和109百貨[1]的店員討論

1：匯集以年輕女性時尚為主的商店，為日本澀谷引領最新潮流之象徵。

DATA

凍齡在這一刻！

美白度：★★☆
滋潤度：★☆☆
裝年輕度：★★★

太輕率的抗老化方式，之後會自食惡果!? 可能會因多餘的細胞分裂而導致早衰

Check 1

抗老化產品大多是「預支」細胞分裂

「青春永駐」或許可說是每位女子的終極心願。但**過度抗老化有時反而會加速老化**。

我們的肌膚經常反覆進行「細胞分裂」，但據說人一生可以進行細胞分裂的次數有其限度。促進肌膚新陳代謝的保養品、活化肌膚細胞的美容醫療等方式，都是在預支有限的細胞分裂次數。有一派主張認為，頻繁採取這些措施只會**早早達到細胞分裂的上限**而加速老化。

Check 2

刺激性強的抗老化產品會導致膠原蛋白或彈性蛋白受損

我們的肌膚經常在進行細胞分裂，尤其是受到「刺激」或是「損傷」時，活動會特別旺盛。這種時候**細胞分裂會發生「錯誤」**，錯誤累積之後便會製造出**受損的膠原蛋白或彈性蛋白**。這些都是維持肌膚彈性的物質，因此這種損傷與皺紋、鬆弛密切相關。刺激會不斷促使老化，而多數抗老化保養品的刺激性都很強，所以一不小心就會適得其反。

 かずのすけ格言 預支細胞分裂，往後會如何呢……。

皺紋與鬆弛的原因何在？

大略重點整理的話……

- 維持皮膚彈性的是存在於真皮中的「膠原蛋白」與「彈性蛋白」等蛋白質。
- 「細胞分裂」的速度會隨著年紀增長而衰退，打造膠原蛋白與彈性蛋白的纖維芽細胞就會減少。
- 紫外線、活性氧與肌膚刺激會造成細胞分裂發生錯誤，有時會製造出受損的膠原蛋白或彈性蛋白。

CHECK 1

原因①：年紀增長導致細胞分裂衰退

肌膚的彈性是藉由「膠原蛋白」、「彈性蛋白」等蛋白質來維持的。然而，細胞分裂的速度會隨著年齡增長而衰退，逐漸難以製造出膠原蛋白與彈性蛋白。細胞分裂的次數達到上限後，也有可能無法再製造出膠原蛋白與彈性蛋白。

形成皺紋與鬆弛的原理

維持肌膚彈性的是位於基底層中的「膠原蛋白」與「彈性蛋白」。細胞分裂會隨著年齡增長而趨緩，製造膠原蛋白與彈性蛋白的細胞便會減少。此外，若因為紫外線、活性氧或其他肌膚刺激等而使細胞受損，肌膚便會為了修復而催化細胞分裂。此時可能會發生「錯誤」而製造出受損的膠原蛋白或彈性蛋白。

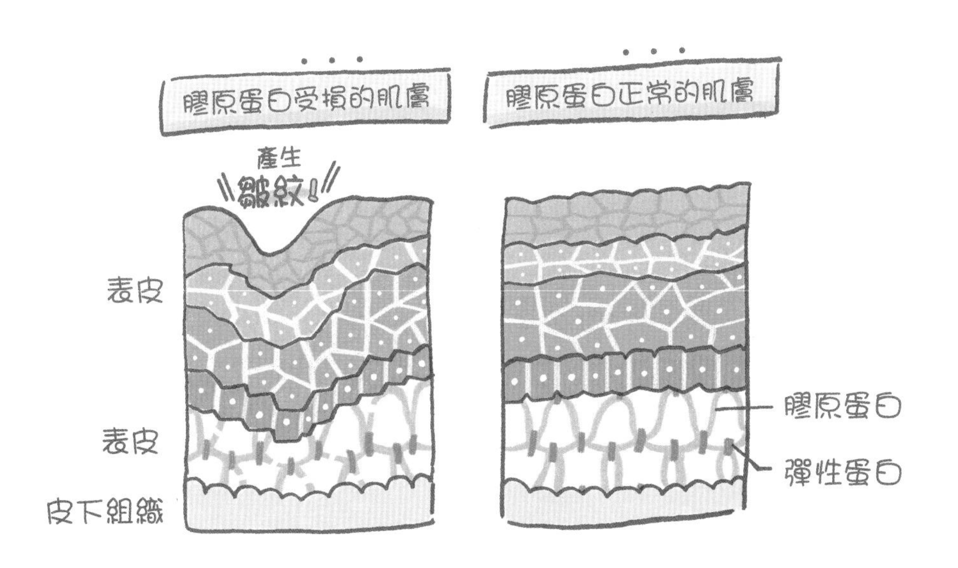

CHECK 2

原因②：刺激導致細胞分裂發生錯誤

一旦對肌膚施加刺激，細胞就會受損，並以猛烈的速度進行分裂來試圖修復。此時細胞分裂若發生錯誤而製造出受損的膠原蛋白或彈性蛋白，就會形成皺紋與鬆弛。

紫外線是最大的刺激，不過保養品成分或皮膚摩擦所產生的刺激也不容小覷。大多數抗老化美妝品的刺激性都很強，須特別留意。此外，別忘了每次施加刺激都會減少有限的細胞分裂次數。

皺紋與鬆弛能憑藉彩妝保養品來改善嗎？

特徵

- 每次照鏡子都會撫平眼角的皺紋
- 急忙採購眼霜
- 連笑紋都很介意，表情容易變得僵硬

DATA

興趣是撫平皺紋

美白度：★★☆
滋潤度：★☆☆
也有黑眼圈：★★☆

因年齡產生的皺紋與鬆弛無法改善……但是「預防」還是大有可為！

Check 1

膠原蛋白&彈性蛋白位於肌膚深層，所以無法補充

老化所產生的皺紋與鬆弛是**肌膚的「膠原蛋白」或「彈性蛋白」不足與損傷所致**。這些是位於肌膚深層「真皮」的物質。然而彩妝保養品只能滲透至肌膚表層的角質層，更別說分子巨大的膠原蛋白與彈性蛋白了，根本無法傳送至真皮層。日本首創、改善皺紋的美妝品在最近發售了，但因為是新成分，還很難加以評論。現階段普遍認為，**因年紀增長而產生的皺紋與鬆弛，是無法靠彩妝保養品消除的**。

Check 2

彩妝保養品能做的抗老化對策是「預防」與「乾燥型皺紋的改善」

如前所述，靠彩妝保養品基本上無法改善老化型的皺紋與鬆弛。因此**平日的預防十分關鍵**。若要預防，彩妝保養品仍有可為之處。首先是**塗抹防曬品以遮蔽「紫外線」**（會傷害製造膠原蛋白與彈性蛋白的纖維芽細胞）。其次是**塗抹抗氧化成分，預防同樣會傷害纖維芽細胞的「活性氧」**。

此外，若非老化型而是乾燥型的皺紋，利用神經醯胺等進行保濕也可能獲得改善。

かずのすけ格言　防曬品是最強的抗老化美妝品。

我們能做的抗老化對策有哪些

- 「紫外線」與「活性氧」會傷害製造膠原蛋白&彈性蛋白的纖維芽細胞，應避而遠之。
- 利用「防曬品」等防禦紫外線的同時，也使用刺激性低的「抗氧化成分」來隔絕活性氧！
- 雖然無法憑藉彩妝保養品來消除老化型皺紋，卻能利用神經醯胺等進行保濕來改善乾燥型皺紋。

CHECK 1 暫時遮蓋皺紋與鬆弛的訣竅

要遮蓋皺紋與鬆弛的話，請選擇添加「矽粉」或「保水聚合物」的基礎保養品以及彩妝品。矽粉會填補皺紋間隙，保水聚合物則可展現出彈性。兩者皆為安全成分（「玻尿酸」也是一種保水聚合物）。像眼角小細紋專用的乳霜，大多也是利用這些成分的效果。

3大抗老化對策

建議以下列3種方法作為抗老化對策。請試著採用看看。

對策1 預防紫外線

最強的抗老化美妝品是防曬品。同時搭配陽傘、帽子等就萬無一失。

無懈可擊!

對策2 預防活性氧

加了「抗氧化成分」的彩妝保養品效果絕佳。透過飲食攝取維生素類、β胡蘿蔔素與L-半胱氨酸等，也頗具效果。

對策3 預防與改善乾燥型皺紋

使用添加神經醯胺的彩妝保養品等，可改善乾燥型皺紋。

CHECK 2 何謂「活性氧」與「抗氧化成分」

一般所謂的活性氧是「氧」的一種型態，擁有強大的氧化力。活性氧會在體內對抗細菌或是病毒，但若過度增加，強大的氧化力反而會傷害細胞。除了在體內生成之外，有時也會受紫外線等影響而在空氣中形成。

利用彩妝保養品所能採取的對策，是藉由排除活性氧的「抗氧化成分」來抑制肌膚表層的氧化。建議使用「蝦紅素」或「維生素C誘導體」等。

※氧化：指物質與氧氣結合的反應。物質氧化後有時會變質而壞掉。金屬生鏽也是氧化現象之一。

香料有囤積體內並引發過敏的風險

香過頭反成「香害」的女子

特徵

- 在家習慣點香精油
- 洗澡都要泡香氛浴
- 出門一定會噴香水

DATA

香水絕不可少

美白度：★★☆
滋潤度：★☆☆
也喜歡布料
芳香噴霧：★★★

添加好幾種香料的彩妝保養品少用為妙。反覆使用同種香氣還有可能引發過敏

Check 1

「感受香氣」＝將化學物質吸入體內

彩妝保養品、香氛品，甚至是日用品等「香氣」迷人的商品是女性的最愛。然而**無論是天然物還是合成物，「香料」裡都隱含致敏風險**。即便是未直接接觸肌膚的芳香療法等也一樣。

人之所以感受得到香氣，是因為鼻腔內的嗅覺感受器接收到揮發的化學物質。換言之，在感受香氣的期間，**體內正在吸收化學物質**。此外，大部分的芳香物質都有個特性，就是會囤積於體內。

Check 2

愈常聞的香氣愈可能引發過敏

大家是否曾經聽人說過「某天突然就得了花粉症」呢？這是因為吸入的花粉量已經超過了那個人的花粉臨界值（體內所能接受物質的極限量）。過敏風險高的香料也會引發同樣的狀況。

換句話說，愈是持續嗅聞同種香氣，**超過對該香氣成分的臨界值的可能性愈高，因而容易引發過敏**。即使是深得己心的香氣也不該反覆使用。

かずのすけ格言 當喜歡的香氣變得難以忍受時，就該當心了。

香料引發過敏的原因

大略重點整理的話……

- 「感受香氣」即表示體內正經由鼻孔吸收香料的化學物質。
- 持續吸入相同的芳香成分，遲早會超過臨界值而可能引發過敏。
- 尤其是「薰衣草」過敏，也有數據顯示日本人的患病率約8%左右。

CHECK 1

約8%的日本人碰不得薰衣草！

根據某項調查的結果顯示，每100個日本人當中就有8個人對「薰衣草」過敏。依我的推測，或許是因為以前常宣傳薰衣草有幫助放鬆或安眠的效果，因此在日本特別受歡迎，在彩妝保養品或芳香療法中接觸的機會特別多的緣故。

香料與過敏

即使沒有接觸到肌膚，芳香成分仍會從鼻孔侵入體內。這個量如果超過臨界值，有時還會引發過敏。

[各種精油對皮膚的刺激性]

有引發刺激性接觸性皮膚炎之虞的成分		
皮膚刺激	醛類	香茅醇、香葉醇、橙花醛、檸檬醛
	氧化物類	桉葉油醇
	苯酚類	百里酚、香芹酚、丁香酚、黃樟素
	醚類	茴香腦
	單萜醇	薄荷醇
光毒性・皮膚刺激	內酯類	香柑內酯、香豆素、5-甲氧基補骨脂素
	萜烯烴類	蓽烯、蒎烯、萜品烯

[有引發過敏性接觸性皮膚炎之虞的油與成分]

成分	精油
蓽烯 蒎烯 薄荷醇	土木香、大蒜、丁香、木香、肉桂、澳洲茶樹、薄荷、馬鞭草、薰衣草、檸檬香茅、迷迭香

[有光毒性之虞的油]

精油
歐白芷根、小茴香、葡萄柚、杜松、苦橙、佛手柑、萊姆、檸檬

引用自今西二郎（2015）的《医学的側面からの安全性と禁忌》（從醫學角度探討安全性與禁忌，暫譯），aromatopia NO.133（フレグランスジャーナル社）。

CHECK 2

若要進行芳香療法也要特別注意

持續嗅聞同樣的香氣，很容易會超出臨界值而引發過敏。請避免使用添加數種香料的商品，也要留意勿過度使用喜歡的香氣。

此外，上述風險亦存在於天然香料的「精油」中。雖然是芳香療法中頻繁使用的商品，但考量到引發過敏的風險，最好還是要留意濃度與使用頻率。

※光毒性：指肌膚在附著物質的狀態下接觸到紫外線，容易造成發炎或燙傷等重大傷害。

「黑眼圈」美白也是白搭！改善的提示藏在洗臉中？

特徵

- 眼睛下方總是掛著棕色黑眼圈
- 連夏天都手腳冰冷
- 工作到很晚所以常睡眠不足

DATA

和黑眼圈如膠似漆

美白度：★★☆
滋潤度：★☆☆
怎麼睡黑眼圈都不會消失：★★★

改善「棕色黑眼圈」要從重新評估洗臉著手。美白非但無效，還很可能惡化！

Check 1

血液循環不良所造成的黑眼圈雖然可以變淡……

明明沒有睡眠不足，眼睛下方卻老是掛著「黑眼圈」。有些女性會設法試圖消除，但用錯方法的話反而會有反效果。

黑眼圈也有不同的類型，**「藍色黑眼圈」是因為血液循環不良，只要促進血液循環，相信就能有所改善**。不妨用蒸熱的毛巾等溫熱眼周。醫藥外用品中若有調配能促進血液循環的**「醋酸生育酚酯」**等有效成分，亦可期待有一定程度的效果。然而眼周的皮膚較薄，所以**對敏感肌的人而言是禁忌**。

Check 2

色素沉澱的黑眼圈即便加以美白也只會造成刺激而惡化

另一種**「棕色黑眼圈」的原因則是色素沉澱**。女性在卸妝之際會搓揉眼周，有不少人會因為這種刺激，造成含有麥拉寧色素的角質堆積。有些人會塗抹美白保養品，但正如我前面提過的，美白保養品的基本效果在於預防。反倒是維生素C等美白成分的刺激性強，黑眼圈還可能因此惡化。**不妨避免畫難卸的眼妝，或是停用必須大力搓揉的卸妝品來預防惡化，再不然乾脆靠彩妝品來遮蓋吧**。

かずのすけ格言　消除棕色黑眼圈是長期抗戰。預防惡化的同時，最好學會不要在意。

粉底果真對肌膚不好嗎？

在選擇粉底上游移不定的女子

特徵

- 粉狀、液狀、霜狀，不知該選哪個好
- 很在意傍晚脫妝
- 妝容不服貼，不知不覺就塗太厚

DATA

粉底流浪者

美白度：★★☆
滋潤度：★★☆
連挑選妝前乳也三心二意：★★☆

沒必要執著於「擺脫粉底」或「礦物粉底」。請抱持更開闊的視野！

Check 1

粉底是基本，
對肌膚沒那麼糟

有些人對於粉底中添加的化學物質感到憂心，於是便嘗試「擺脫粉底」或是改用「礦物粉底」。

不過粉底是擦在肌膚上的東西，所以**原則上並未使用會造成刺激的成分**。合成界面活性劑也是以不帶靜電（＝刺激）的「非離子型」為主，這點大可放心。尤其粉狀粉底只是擦在肌膚表層，**不會滲透至角質層，因此對肌膚的負擔較低**。

Check 2

礦物質或天然成分
並不代表比較厲害

「礦物粉底」給人天然的印象，因而備受歡迎。這裡所說的礦物質，是指**二氧化鈦、氧化鋅、氧化鐵、雲母等「礦物」**。事實上，這些成分也經常用於一般的粉底中。

此外，有些天然品牌的粉底液中也有添加植物性油脂。**油脂接觸陽光就會氧化，對肌膚會造成刺激**。不受品牌或既定印象框限，檢視整體配方才是最重要的！

かずのすけ格言　礦物也是化學物質，並未保留挖掘時的原貌，是經過化學處理而成。

礦物粉底VS一般粉底的徹底比較

大略重點整理的話……

- 不限於礦物粉底，一般粉底也經常使用礦物，主要原料的滑石粉或矽粉也是礦物。
- 一般粉底＝◎不會氧化◎妝感佳／×矽油含量高的產品不易洗除。
- 礦物粉底＝◎洗面乳即可洗除◎大多不含油分／×金屬過敏×妝感普通。

CHECK 1

一般粉底中也含有礦物質

礦物粉底的基底是二氧化鈦、氧化鋅、氧化鐵、雲母這類粉狀的「礦物」。這些皆稱為礦物質。

另一方面，一般粉餅的基底雖然是各式各樣的粉末，但經常調配的矽粉或滑石粉也是礦物。礦物質並沒有特別厲害之處。

對一般粉底常見的不安

因為粉底是直接塗抹在肌膚上，在挑選時是否會對成分感到不安呢？請以下列幾點作為參考。

合成界面活性劑

粉底中調配的主要是不會釋放靜電（刺激）的「非離子界面活性劑」，所以可以放心。

滑石粉

韓國彩妝保養品的滑石粉中才含有致癌物質「石綿」。日本的滑石粉中未含不純物質。

焦油色素（「○色○號」等）

大量添加的產品自然不妥。不過意外的是，日本國產的粉底很少調配焦油色素，主要原料以礦物（礦物質）為多。

合成聚合物

為了保濕等目的而調配，是極安全的成分。火紅的「玻尿酸」也是合成聚合物。合成聚合物的刺激性反而比玻尿酸還低。

※液態型礦物粉底必須讓水分與油分乳化，所以和一般粉底一樣都有調配「合成界面活性劑」。礦物質終歸只是成分的一部分。

CHECK 2

礦物粉底無死角嗎？

礦物粉底中所含的礦物雖然已經做過防氧化處理，但若與汗水或維生素C產生反應，仍有可能氧化。

此外，不同於一般粉底，礦物粉底幾乎不含油，單純只靠粉末附著，因此缺點是遮瑕力較弱，容易發生浮粉或脫妝的問題。未以金屬粉體被覆表面的產品，當氧化鋅或氧化鐵混入汗水中，有時還會引發金屬過敏。

如何選擇對肌膚溫和的粉底

- 有致敏風險的精油、香料、焦油色素，還有容易導致乾燥的紫外線吸收劑，都應盡量避免。
- 粉餅接觸皮膚的總面積比粉底液小，因此對肌膚的負擔較少。
- 粉底液的基底是矽油或酯油，刺激性成分的濃度不高。與溫和的妝前乳合併使用也OK。

CHECK 1

粉餅對肌膚較為溫和

粉底是要塗抹在肌膚上的東西，因此一般不會添加有風險疑慮的成分，連合成界面活性劑基本上也是用無刺激性的「非離子型」。

粉餅接觸肌膚的面積比粉底液少，對肌膚較為溫和。只要和刺激性低的妝前乳一起合併使用，就能進一步減少對肌膚的負擔。

粉底液的確認重點

挑選粉底液之際，最好留意以下幾點。

基底的油分

「矽油」或「酯油」為佳。動植物的「油脂」會氧化所以不宜。

- 鏈狀矽氧烷（聚二甲基矽氧烷等）是比較厚重的皮膜劑，因此濃度高則難以洗除，而且還會堵塞毛孔。若是以此為基底油分，挑選成分表第一欄是「水」的產品較令人安心。
- 環狀矽氧烷（環戊矽氧烷等）是會蒸發的輕薄皮膜劑，因此不太會堵塞毛孔。字首為「cyclo（環）－」的即屬此類。

＊成分名稱的英文字尾若是「-cone」或「-siloxane」，即可確定是矽油！

務必盡量避免的成分

精油、香料、焦油色素（○色○號等）與紫外線吸收劑（主要是「甲氧基肉桂酸乙基己酯」（濃度不高就無妨））。

成分表若多達5～6個欄位則要特別留意

×「乙醇」、「DPG」、「PG」、「戊二醇」、「己二醇」。

＊前幾個欄位標示為「無酒精」，且添加了「BG」或「甘油」的產品較為溫和♪

CHECK 2

挑選粉底液時的注意事項

請確認粉底液成分表的前幾個欄位是否有刺激性成分。無酒精且添加了「BG」或「甘油」的商品是較溫和的配方。

基底的油分以穩定性高且不會氧化的矽油或酯油（參照P84）為佳。含有微量的油脂無妨，但會氧化，所以濃度不能太高。

かずのすけ語錄

若以溫和度為優先的話，則使用低刺激性的妝前乳＋粉餅。

防出油脫妝的妝前乳會讓膚況逐漸變差……

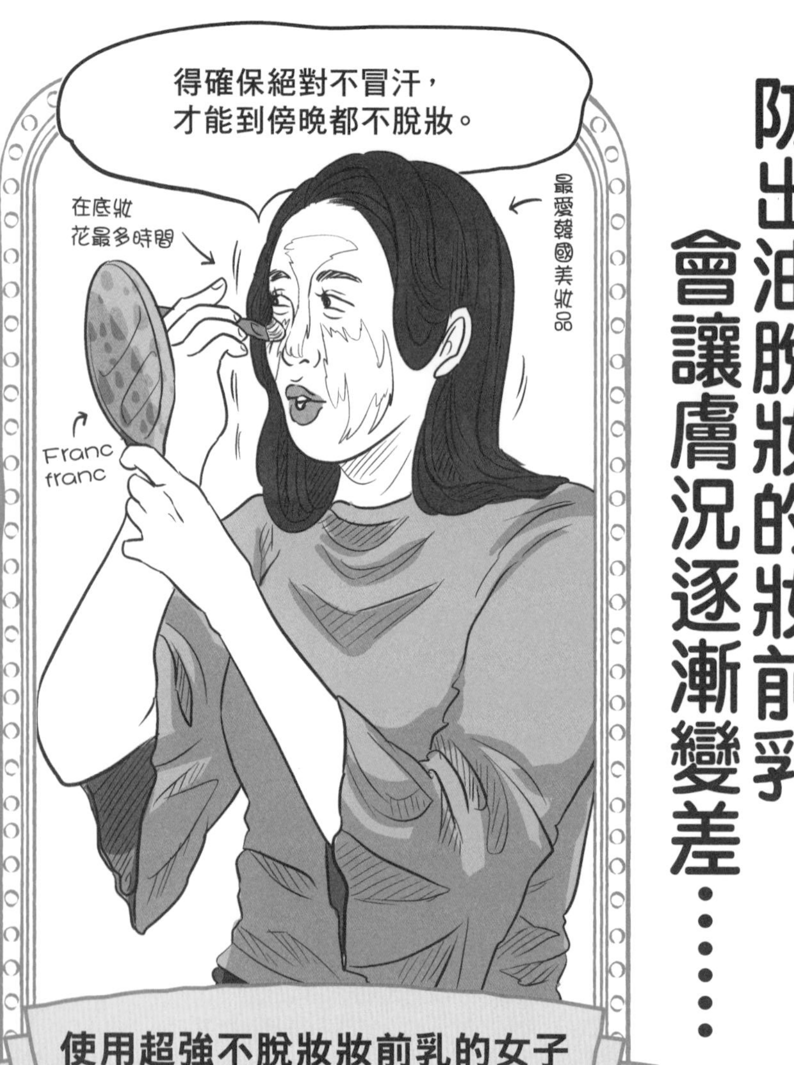

使用超強不脫妝妝前乳的女子

特徵

- 會被標榜「不脫妝！」的廣告詞吸引
- 化妝包裡都會放吸油面紙
- 易出汗，所以夏天特別快脫妝

DATA

才不想脫妝呢！

美白度：★★☆
滋潤度：★☆☆
讓毛孔
吃妝：★★★

防出油脫妝的妝前乳必須動用強效卸妝品！倘若每天使用，肌膚可能會每況愈下

Check 1

防堵出油的是能打造強力覆膜的氟矽膠

「維持剛上妝的妝容♡」、「到了傍晚也不出油♪」——妝前乳都會像這樣強調自己可以有效防止出油脫妝。然而以長遠的眼光來看的話，每天使用實非上策。

防出油脫妝的成分是以**「氟變性矽膠」**為主流，這是一種經過氟加工的矽膠。粉末表面經過加工，使其具撥水性與撥油性而不會溶於汗水或皮脂。屬於相當強效的皮膜劑，所以**容易堵塞毛孔，成為冒痘的原因**。

Check 2

非礦物油型的卸妝品就無法卸除，對肌膚的負擔大！

油脂原本是最理想的卸妝品。然而像氟矽膠這類強效的皮膜劑，**不使用礦物油或酯油是很難卸除的**。礦物油等若直接接觸肌膚，會吸收皮脂而導致乾澀。如果每天用這種油清洗，肌膚肯定會不斷累積負擔。防出油脫妝的妝前乳，**最好在關鍵的重要日子才使用**。或者先塗抹溫和的妝前乳再重疊塗上，會比較好卸妝。

かずのすけ格言　把「卸妝難易度」也考慮進去是挑選妝前乳的關鍵。

防出油脫妝的妝前乳之缺點

大略重點整理的話……

- 很多防出油脫妝的妝前乳是使用氟矽膠製成的，不會因為汗水或皮脂而脫妝。
- 必須使用礦物油等強效卸妝品，對肌膚的負擔大。也很容易堵塞毛孔。
- 檢視妝前乳的成分表，名稱含有「fluoro（氟）」字樣的成分，屬於這種類型的機率很高。

CHECK 1

防出油脫妝的成分，其真面目是？

不單是強調持妝度佳，而且還以「防出油脫妝」為賣點，這種妝前乳最好特別小心。其魔法的真面目主要是氟矽膠。氟矽膠可以確實溶入妝前乳主要成分的矽油中，卻不溶於其他的油（皮脂等），因此是強效的粉末皮膜劑。

應當留意的防出油脫妝成分

徹底防止出油脫妝的妝前乳須格外小心。若是調配以氟加工過的矽膠（氟變性矽膠），得用強效的卸妝品才能卸除。以下這些成分即為一例。

[成分名稱範例]

「C4-14全氟代烷基乙氧基聚二甲基矽氧烷」
「三氟丙基二甲基／三甲基矽氧基矽酸酯」等

＊名稱含有「氟」字樣的成分，屬於這類的可能性很大！

[粉底的肌膚接觸] 粉餅與粉底液的肌膚接觸程度各異。

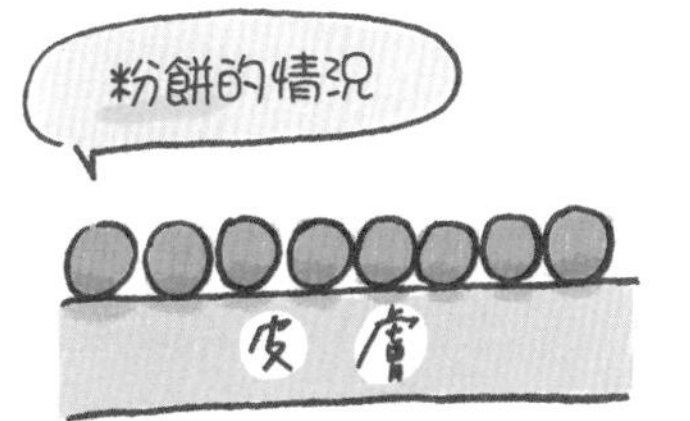

與皮膚的接觸面積小
↓
對皮膚的負擔 小

粉底液的情況

皮膚

與皮膚的接觸面積大
↓
對皮膚的負擔 大

CHECK 2

即使不會刺激皮膚，強效洗臉仍是種負擔

此矽膠的正式名稱為「氟變性矽膠」。該成分本身雖無刺激性，卻幾乎不溶於水分或油脂，因此必須使用礦物油或酯油等強效的卸妝品。這些會對肌膚造成負擔，倘若洗後殘留的成分堵塞毛孔，有時還會形成面皰。

かずのすけ語錄

防出油脫妝妝前乳的正確用法是：僅用於重要的日子。

不易脫妝卻能快速卸妝，妝前乳（&粉底液）的選擇訣竅

- 乳狀（雙層式的產品）比霜狀不易脫妝。尤其是防水產品。
- 吸附皮脂的粉（二氧化鈦等）多，就不容易脫妝。
  ※金屬過敏者不太適用氧化鋅等。
- 若想塗抹強效防出油脫妝的妝前乳，先塗抹溫和的妝前乳再重疊塗上，即可輕鬆洗淨。

CHECK 1

輕鬆卸下防脫妝妝前乳的密技

愈不易脫妝的妝容愈需要強效的卸妝品，因此使用強效不脫妝妝前乳原本是NG的。不過只要善用密技就比較沒關係。

先塗抹容易卸除的妝前乳（or防曬品），再將防脫妝妝前乳重疊塗上。這樣比單擦一樣產品還不易脫妝，而且不會直接在肌膚上覆蓋一層膜，所以比較容易卸除乾淨。

難脫妝＆易洗淨該如何兼顧

若要直接使用會對肌膚造成較大負擔的產品，只要用對方法，仍可靈活運用。

● 重疊式技巧

一開始先塗抹可輕鬆卸除的妝前乳或防曬品，再將難卸除的妝前乳抹於其上。

＊這個技巧也可以運用在強效粉底液或防曬品上。

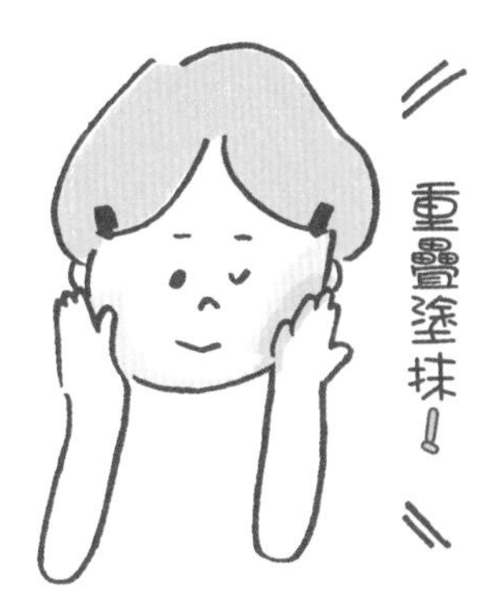

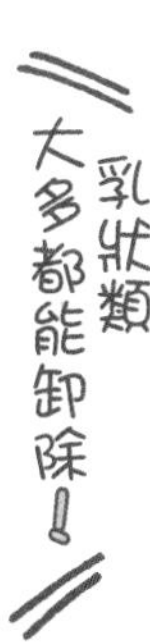

● 選擇商品的基準

雖然不能一概而論，但是以紫外線反射劑為基底的妝前乳（尤其是防水產品）比較不容易脫妝，而且大多能用油脂卸妝品卸除。

＊粉底液或防曬品亦同。

妝前乳的構造和粉底液大抵相同。該如何選擇對肌膚溫和的產品，請參照粉底液的單元（P134-135）。

CHECK 2

不太會脫妝，用油脂也能卸除的妝前乳

由於界面活性劑具有洗淨作用，因此含量愈少愈不易脫妝。乳狀產品所含的乳化用界面活性劑較少，所以比霜狀產品還不易脫妝。乳狀是雙層式的產品，須自行搖晃容器讓內容物混合。

除此之外，二氧化鈦、氧化鋅等「紫外線反射劑」或「滑石粉」等粉狀成分，具有吸附皮脂的性質，因此這些成分的含量多就不易脫妝。然而，氧化鋅與氧化鐵對金屬過敏者則不太適用。

把嬰兒爽身粉當化妝粉使用會導致痘痘肌!?

特徵

- 習慣使用嬰兒爽身粉來定妝
- 羨慕嬰兒的肌膚
- 目標是「嬰兒妝（童顏妝）」

※結合劑：用來固定粉末的油分。用量愈少則覆膜愈溫和。蜜粉幾乎不含結合劑。蜜粉餅則多少有使用結合劑，但用量很少。

DATA

嚮往光滑透亮肌

美白度：★★☆
滋潤度：★☆☆
腮紅也是必備品：★★★

嬰兒爽身粉對輕熟女而言已經太吃力了！還會導致面皰，所以請用普通的粉餅

Check 1

嬰兒爽身粉是利用氧化鋅等來防止出汗或出油

嬰兒爽身粉是嬰兒專用的商品，對肌膚好像很溫和，價格又便宜。抹在肌膚上可「預防油光」，還可「呈現零毛孔的美肌」！因為這些意外的優點而受到矚目的嬰兒爽身粉，據說用它來充當粉餅的女性與日俱增。

嬰兒爽身粉是預防寶寶長痱子的商品，因此**調配了閉合毛孔以預防出汗或出油的「氧化鋅」**。氧化鋅也會用於彩妝保養品中，但是和嬰兒爽身粉中的氧化鋅，其實有些微差異。

Check 2

無表面被覆的氧化鋅容易堵塞毛孔

嬰兒爽身粉中所調配的氧化鋅並無表面被覆，可與皮膚產生反應而引發微弱的發炎，具有緊緻毛孔的作用（收斂作用）。很多人會因為毛孔暫時緊縮而雀躍，但是**皮脂量多的大人有時會因毛孔堵塞而形成面皰等**。想找對肌膚溫和的化妝粉，**蜜粉或蜜粉餅是不錯的選擇**。結合劑（※）少而刺激性低。

 かずのすけ格言 嬰兒爽身粉不適用於輕熟女。

防曬品的用法左右著數十年後的肌膚

365 天「SPF50」的女子

特徵

- 口頭禪是「絕不曬黑！」
- 一整年都塗係數最強的SPF與PA防曬品
- 意外地不在意身體，所以都曬黑了

DATA

首重肌膚美白

美白度：★★★
滋潤度：★☆☆
不在乎浮白：★★★

防曬品是最強的美白&抗老化美妝品。但365天都用SPF50對肌膚也有不良影響！

Check 1

無論肌膚變黑還是老化，最大原因都出在「紫外線」！

若說到輕熟女對彩妝保養品追求的效用，不外乎「抗老」與「美白」。可以兩者兼顧的最強美妝品就是防曬品。說得極端一點，**便利商店的便宜防曬品，美容效果都比超高級美容液來得好**。

斑點與曬傷的最大原因在於紫外線，這點對輕熟女而言應該是常識，不過老化的最大原因也是紫外線。我們稱之為「光老化」。有一說法則認為，約8成的老化是肇因於光老化。

Check 2

防曬品應該每天塗抹。但平日用SPF30的程度就夠了

用陽傘或帽子來阻隔紫外線也不錯，但單靠這些無法阻擋從地面反射上來的紫外線，所以還是塗抹防曬品最佳。無關季節或天候，由於紫外線會持續照射，因此**建議白天都要塗抹防曬品**。

然而，經常塗抹係數SPF50的防曬品，這樣的做法是否適合還有待商榷。SPF的係數高，對肌膚的負擔往往也會增加。**在日常生活中，頂多SPF30左右就綽綽有餘**。唯有長時間待在戶外時再使用SPF50即可。

かずのすけ格言　每天防曬與數十年後的年輕度，密切相關。

全面認識紫外線&防曬品的基礎知識講座

- 我們應當阻隔的紫外線分為「UVB」與「UVA」2種。
- UVB（能量很強的光線）是造成曬傷與斑點的原因，其防曬指標為「SPF」。
- UVA（能量弱卻可抵達表皮較深處的光線）是造成皺紋與鬆弛的原因，其防曬指標為「PA」。

CHECK 1 「UVB」與「UVA」的特色

能量很強的紫外線「UVB」會立刻引起肌膚發炎，造成曬傷與斑點。另一方面，若暴露在能量較弱的紫外線「UVA」下，雖然不會受到立即性的影響，但因為波長較長，可穿透至肌膚深層，所以會一點一滴地傷害細胞。倘若製造DNA或膠原蛋白與彈性蛋白的細胞多次受損，遲早會形成皺紋與鬆弛。

何謂「SPF」？

所謂的SPF，是標示「從暴露在紫外線中開始，直到肌膚出現『發炎（曬傷）』症狀的這段時間，可以比平常往後延遲多久」的數值。平常20分鐘就會曬傷的人，如果塗抹SPF10的防曬品，理論上到曬傷為止的時間會延長為10倍，也就是200分鐘。

然而SPF試驗是以塗抹厚厚一層為前提來進行測試，因此實際效果可能是該數值的5分之1左右，故最好頻繁補擦為佳。

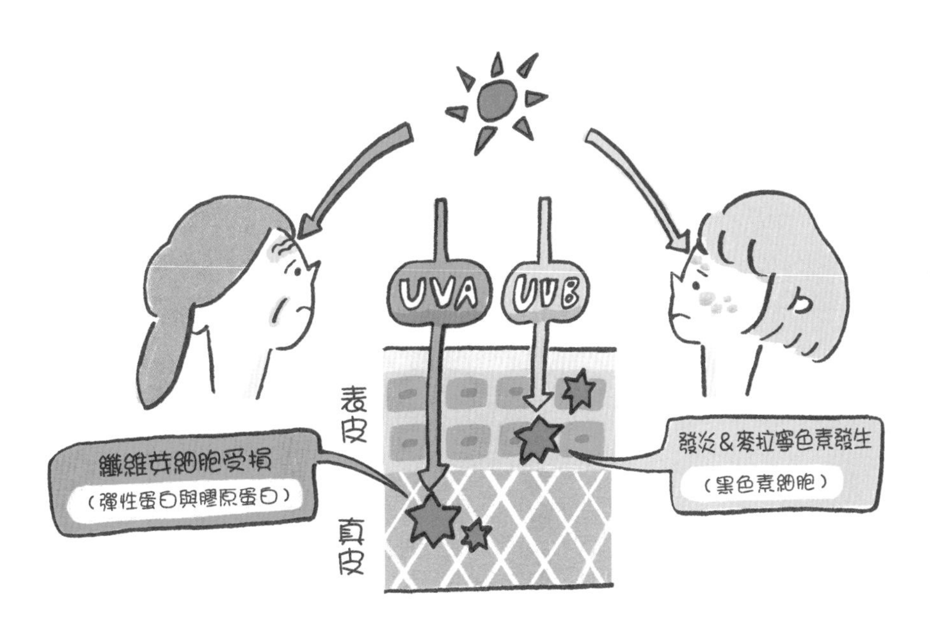

CHECK 2

「SPF」與「PA」是什麼？

「SPF」是防禦UVB（形成斑點的原因）的指標。若是暴露在UVB中，遲早會引發伴隨紅腫的發炎（曬傷），若是塗抹防曬係數SPF30的產品，可將曬傷發生的時間延遲30倍。現階段最高的防曬等級為「SPF50＋（SPF51以上）」。

「PA」則為防禦UVA（形成皺紋的原因）的指標，是以符號「＋」的數量來表示防禦等級。現階段最高值為「PA＋＋＋＋」。

關鍵在於分別運用紫外線吸收劑or反射劑

- 防曬品中調配的抗紫外線劑分為「紫外線吸收劑」與「紫外線反射劑」2種。
- 吸收劑的紫外線防禦力高，但也會造成肌膚乾燥。反射劑的紫外線防禦力雖差，但對肌膚幾乎零負擔。
- 平常使用SPF30左右的反射劑產品；長時間待在戶外時若要使用吸收劑，SPF50左右就夠了。

CHECK 1

紫外線吸收劑為何物？

所謂的「紫外線吸收劑」，是將紫外線的能量轉換成熱能並向外釋放的產品。紫外線防禦力與使用起來的感覺都很良好，但是肌膚容易乾燥，偶爾還會造成刺激。乾燥或刺激是成分暴露在紫外線中發生化學反應所引起的，因此回家之後肌膚會備感疲累。

防曬品的分別運用

日常生活中不需要用到SPF50，因此選擇SPF30以下、以反射劑為基底的產品為佳。長時間待在戶外時，再依照需求活用紫外線吸收劑，選用SPF50左右的產品。PA則一律以「PA＋＋」以上為基準。

對吸收劑的刺激不放心的人……

一開始先塗抹以反射劑為基底的溫和防曬品或是妝前乳，再將調配了吸收劑的防曬品抹於其上，即可在某種程度上預防乾燥與刺激。重疊塗抹也相對提高了抗UV的效果（但是不能套用SPF30＋SPF50＝SPF80這種公式）。

NG 重點

✕凝膠、噴霧

凝膠含有較多酒精類的溶劑，有時會感到刺激。此外，紫外線吸收劑被指出對環境有不良影響，進入體內的風險還是未知數。噴霧型產品則有從呼吸器吸進體內之虞。

✕添加油脂

添加大量油脂或植物油的產品雖可提高防曬效果，但是油可能會氧化而在皮膚上產生色素沉澱。

CHECK 2

紫外線反射劑為何物？

至於「紫外線反射劑」中的代表成分則為「氧化鋅」與「二氧化鈦」，只會物理性地反射紫外線，因此對肌膚的負擔幾乎是零。只不過其本身是白色粉末，所以會因劑量而容易浮白，紫外線防禦力比吸收劑差。此外，金屬過敏者可能不太適合使用氧化鋅。

かずのすけ語錄

應當配合時間、地點與場合分別運用防曬品。

抗紫外線劑一覽表

●日本常用的紫外線吸收劑

名稱	善於防禦的紫外線	可能劑量（%）	刺激性基準
甲氧基肉桂酸乙基己酯	UVB	20	低
甲氧基肉桂酸辛酯	UVB	7.5	中
二乙基氨基羥基苯甲醯苯甲酸己酯	UVA	10	中
甲酚曲唑三矽氧烷	UVA	15	低
二苯酮 3（氧苯酮）	UVB+UVA	6	高
二苯酮 4（硫代苯酮）	UVB+UVA	10	中
丁基甲氧基二苯甲醯基甲烷（阿伏苯宗）	UVA (long)	3	高
對苯二亞甲基二樟腦磺酸	UVA (long)	10	中

●紫外線反射劑

名稱	善於防禦的紫外線	可能劑量（%）	刺激性基準
二氧化鈦	UVB+UVA	無規定	極弱
氧化鋅	UVA (long)	無規定	極弱

醫藥外用品的有效成分一覽表

功效	名稱	效果強弱
消炎	甘草酸鉀	溫和
	甘草酸硬脂酯	溫和
	尿囊素	強
促進血液循環與活化代謝	生育酚醋酸酯	溫和
	維生素 A 油	中
	視黃醇棕櫚酸酯	中
	DL- 樟腦	強
美白	胎盤素精華	溫和
	維生素 C 醣苷	溫和
	維生素 C 磷酸酯鎂	中
	抗壞血酸	強
	麴酸	中
	熊果素	溫和
	傳明酸	溫和
	4-n- 丁基間苯二酚	中
殺菌與抗頭皮屑	異丙基甲基酚	強
	苯扎氯銨	極強
	藍桉葉油	強
	薄荷油	強
	檜木醇	強
	吡羅克酮乙醇胺鹽	極強
	硝酸美可那唑	極強
	匹賽翁鋅	極強
角質剝離	水楊酸	極強
	硫磺	極強
	尿素	中

※「效果強＝副作用的風險大」，須特別注意。

染色劑會對肌膚造成影響嗎？

特徵

- 喜歡粉嫩的顏色
- 因為「自己專屬的顏色～★」而心情飛揚
- 常常氣色不佳，口紅和腮紅均缺一不可

DATA

唇膏絕不可少

美白度：★★☆
滋潤度：★☆☆
座右銘是「活出自我」：★★★

※pH值：顯示液體酸鹼性的指標。以1～14的數字表示，數值愈低則酸性愈強，愈高則鹼性愈強。pH=7為中性。

只要不會過敏就無須擔心染色劑，但是「變色唇彩」會使嘴唇變得烏黑!?

Check 1

染色劑引發的過敏導因於特定因素

「紅色3號」等**「焦油色素」**是彩妝用品不可或缺的原料。礦物彩妝最近很火紅，有些彩妝保養品還利用氧化鐵等來染色（氧化鐵原本是橙色），但是顯色度卻不及焦油色素。

焦油色素雖無刺激性，但也有人會產生過敏。這並非意謂所有的焦油色素都不合用，而是**特定因素才會引發過敏，比如「對黃色5號過敏」**。因此通常只要予以排除就無須擔心。

Check 2

然而變色系美妝品利用的是化學反應

可以打造出鮮豔唇色的「變色唇彩」，最近在年輕女性之間掀起一股熱潮。每個人的顯色度會因膚質或體溫的不同而異，這點似乎也很受歡迎。其中的原理是：**成分會隨著當下的pH值**（※）**產生化學反應，因而形成顏色上的變化**。然而，彩妝保養品對皮膚的刺激，最根本的原因就在於皮膚上所發生的化學反應。唇彩的成分因為化學反應而與肌膚的蛋白質結合，**有時會產生色素沉澱而使唇色變得暗沉，或是嘴唇乾裂等**。

かずのすけ格言 變色系美妝品說不定會害自己的肌膚也變色。

NG的肌膚護理女子圖鑑 33

BB霜並非萬能的美妝品

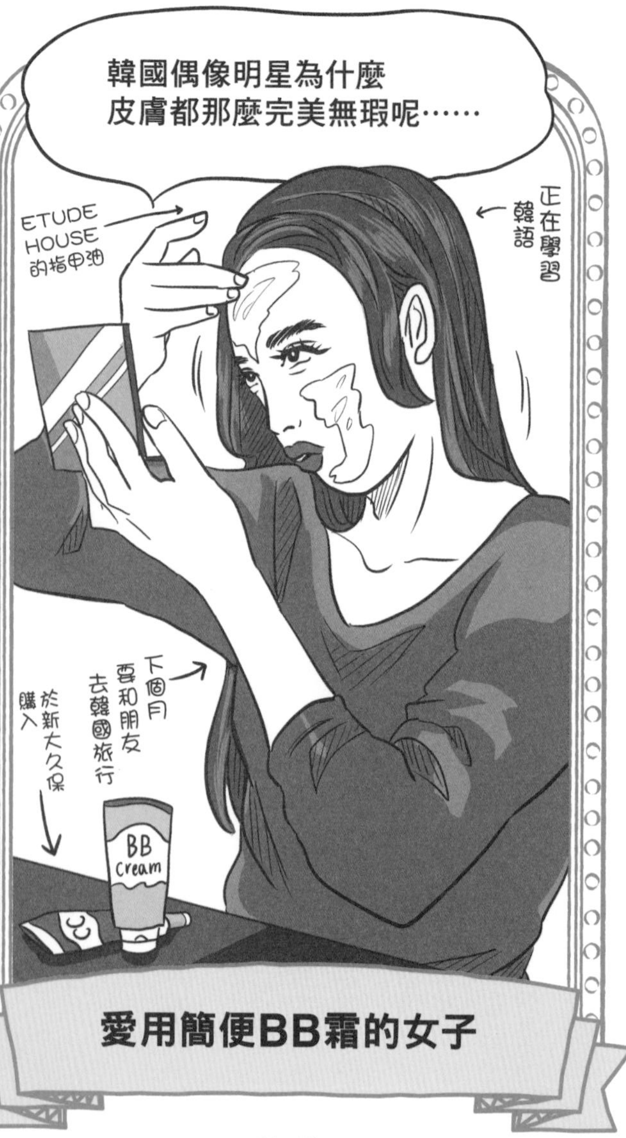

愛用簡便BB霜的女子

特徵

- 目前愛用BB霜或CC霜
- 不想費工夫，所以喜歡「多效合一產品」
- 喜歡看韓劇

※BB的由來……Blemish Balm（遮瑕之意）
CC的由來……Control Color、Color Condition等（膚色校正之意）

DATA

很討厭麻煩

美白度：★★☆
滋潤度：★★☆
也會狂買片狀面膜：★★★

NG的肌膚護理

BB霜與粉底霜相差無幾。雖沒什麼壞處，但也沒好到要指定購買的程度

終究只是彩妝用品，不能期待有護膚效果

「BB霜」成為炙手可熱的韓國美妝品，如今在日本也是經典商品。一瓶包辦**保濕劑**、**妝前乳**、**粉底**、**防曬品與美容液**等多種功能，因為這種方便性而備受喜愛。

BB霜並無明確的定義，成分構造和粉底霜幾乎一樣。此外，似乎有不少商品都會聲稱「護膚效果絕佳」，但既然是彩妝用品，**主要成分為紫外線吸收劑或反射劑等**。護膚效果應該另當別論。

Check 2

會打造出強效的覆膜，對肌膚的負擔比粉餅大

似乎也有些人抱持「BB霜＝低刺激」的印象，但實際上卻非如此。其覆膜比妝前乳或粉底液還要強，**若要論對肌膚的溫和度，【一般妝前乳＋粉餅】可能更勝一籌**。搭上BB霜這股風潮而登場的「CC霜」，本身潤色效果與覆膜較弱。對肌膚有害的粉底本來就不多，BB霜與CC霜雖沒什麼壞處，**但也沒理由特別執著**。

かずのすけ格言　搞不好推出「AA霜」或是「DD霜」的那天也不遠了。

KAZUNOSUKE COLUMN 1

彩妝保養品該保存於何處？

不知道是擔心腐壞，還是希望感受沁涼爽快的感覺，有些女性會把基礎彩妝保養品存放在冰箱的冷藏庫中。若是指定得冷藏保存的商品當然要這麼做，若非如此，此舉實在不妥。內容物可能會沉澱、凝固，有些情況下還會導致成分分離，而無法發揮原本的效果。因此應該存放在陽光照射不到的陰涼處為佳。

乳霜類的卸妝品只要有水分進入，洗淨作用就會減弱，因此大多的商品從一開始就會提醒消費者要避免在浴室內使用。至於其他的洗面乳或卸妝品，只要是在保存期限（以開封後2～3個月為基準）內，放置在浴室裡也OK。不過按壓式卸妝品的瓶子裡容易有空氣中的水分混入，因此盡量在2個月左右使用完畢較為理想。

第3章

適合輕熟女的頭髮&身體護理

臉與身體是相連的。
打造美肌的基礎亦可套用在身體與頭髮上。
從頭到腳尖都進行正確的保養，
以成為散發光澤感的輕熟女為目標吧。

剛洗完澡的身體本來是不需要保濕劑的

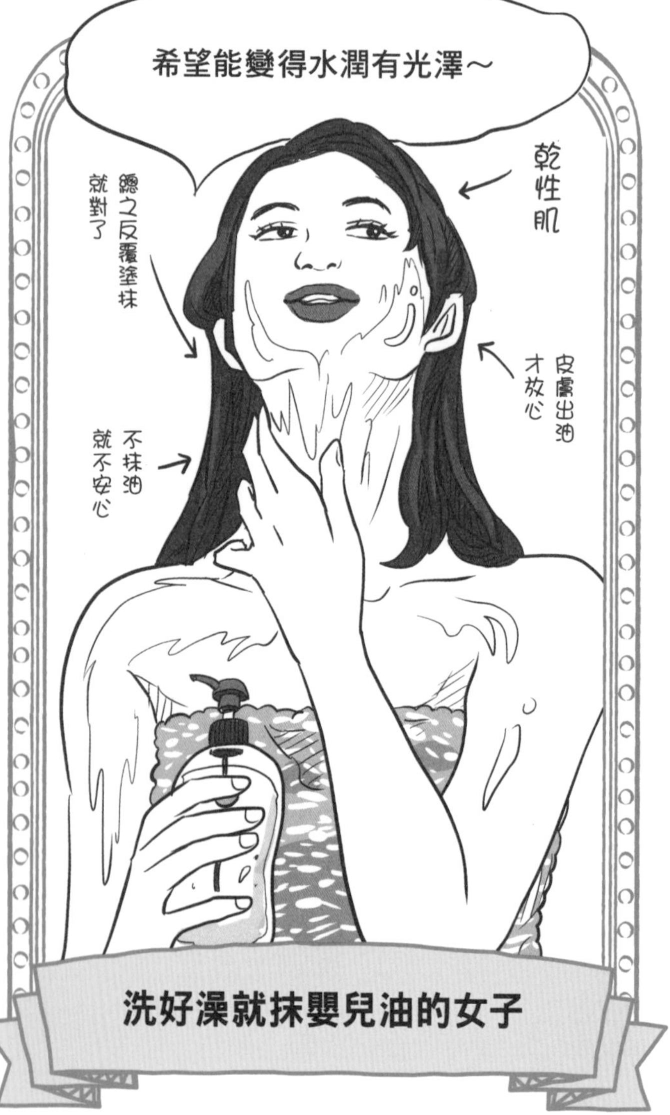

洗好澡就抹嬰兒油的女子

特徵

- 塗抹嬰兒油才安心
- 整年都令人在意不已的乾性肌
- 身體會發癢，所以抓得紅通通的

DATA

身體乾燥肌保養

美白度：★★☆
滋潤度：★★☆
在浴室裡塗抹：★★★

抹油會讓身體愈來愈乾燥！真正該做的是「重新審視沐浴乳」

Check 1

只要降低沐浴乳的洗淨力就能改善身體的乾燥

很多女性會在洗完澡後塗抹乳霜等來預防皮膚乾澀。然而，如果很在意乾燥問題，比起保濕，請先重新檢視**沐浴乳的洗淨力**。沐浴乳會**連肌膚上的皮脂和保濕分子都一併洗除，所以才會乾澀**。只要降低洗淨力，讓這些潤澤成分留在肌膚上，即可防止乾燥。皂類或市售平價沐浴乳的洗淨力大多很強，故須特別留意。不妨參照P162來挑選沐浴乳。

Check 2

用油保濕會減少皮脂分泌，身體反而會轉為乾性肌

有種美容法是洗完澡後在肌膚上抹油。若將此法常用的「嬰兒油」**直接塗抹在肌膚上，有時會導致內部缺水**。若是植物等油脂倒是無妨，但還是有氧化或造成肌膚粗糙的風險。原本保護肌膚所需的油分只要極少量的皮脂就夠了，如果每天持續大量塗抹別的油，身體會減少皮脂分泌，很可能發展成慢性乾性肌膚。倘若必須保濕，最好使用**調配了神經醯胺的身體乳霜**等。

 乾性肌身體的首要課題是挑選沐浴乳。

光是泡澡就能洗除身體大部分的髒汙

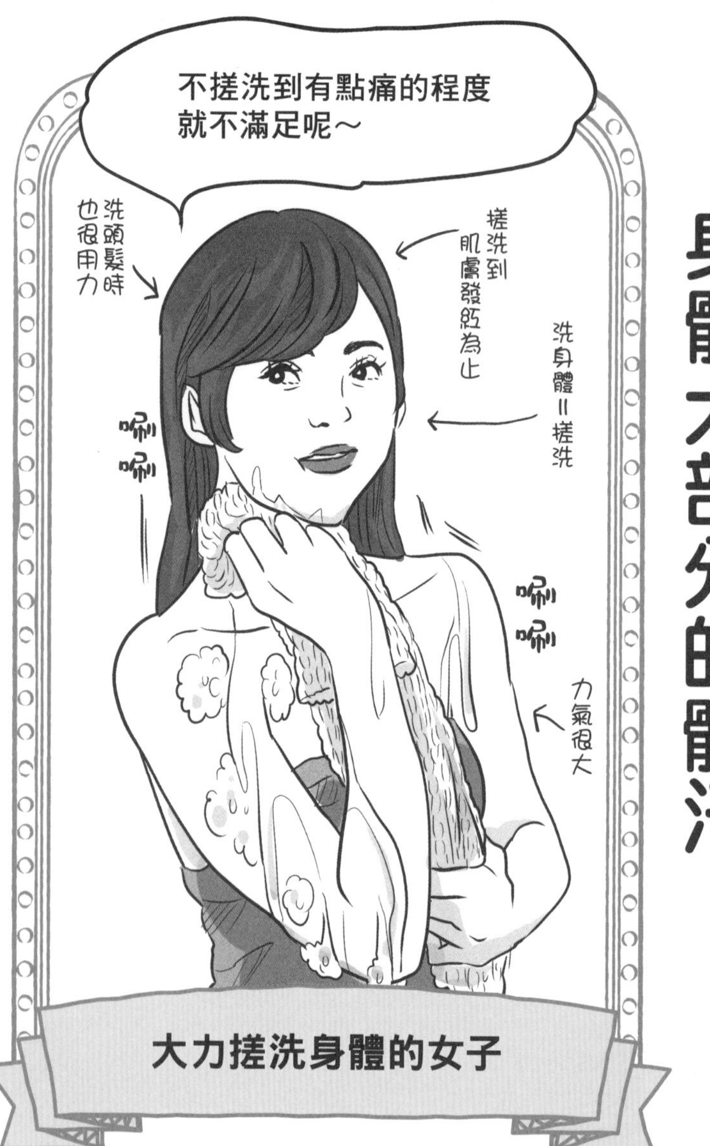

特徵

- 洗身體時都用尼龍沐浴巾使勁地搓
- 到韓國旅行會去體驗搓澡
- 急性子，沒時間讓沐浴乳起泡

DATA

過度清洗身體

美白度：★★☆
滋潤度：☆☆☆
貫徹自己的作風：★★★

如果要泡澡就沒必要清洗全身！但也不能貿然「擺脫沐浴乳」

Check 1

大部分的汗水或皮脂光是泡澡就能洗除

容易流汗和毛髮多的部位必須用沐浴乳來清洗，其他大部分的汗水或皮脂光靠泡澡即可洗除。

因此，有泡澡習慣的女性本來就**沒必要用沐浴乳清洗全身**。反倒是洗淨力高的皂類或沐浴乳，才是造成肌膚乾燥或異位性皮膚炎的原因。**用毛巾使勁搓洗也是NG行為**。像尼龍沐浴巾這類增大摩擦力的產品，對肌膚的刺激性很強。

Check 2

體質不會立即改變。突然停止清洗的話，汙垢會……

如果過度清洗身體，**皮膚會試圖保護身體而製造大量的「角質」**。此外，肌膚有種「恆常性」，會持續一直以來的運作模式而不受環境變化左右。

主張要使勁搓洗身體的女子即使打算「從今天起停止清洗身體！」原本製造大量角質的體質也不會立即改變，產生的汙垢則會讓人難以釋懷。不妨參考下一頁，**循序漸進地降低洗淨力吧**。

採循序漸進的方式
降低沐浴乳的洗淨力

- ①一開始先改用「羧酸型」的沐浴乳。習慣後再換成更溫和的「胺基酸型」也OK。
- ②不需要清洗身體的沐浴巾。只須用起泡網等打出泡沫，直接用手輕撫清洗再沖掉即可。
- 先從①②其中一項開始著手。最終目標是不再清洗全身，僅以沐浴乳清洗汗水或毛髮較多的部位。

CHECK 1

完全沒必要搓洗身體

尼龍沐浴巾等作為身體專用巾而在市面上大受歡迎，但摩擦力大會對肌膚造成很大的刺激。利用「自己的手」來清洗才是最理想的，絕對不會刺激肌膚。

利用起泡網將沐浴乳打出泡沫，直接用手輕撫清洗後立即沖掉。如此一來便能充分洗除髒汙。

逐步降低身體洗淨力的步驟

肌膚有所謂的「恆常性」。此性質不會受到環境變化左右，而是持續一如往常地運作。即便突然停止清洗身體，肌膚有段期間還是會一如既往地製造大量的角質，因此突如其來的「擺脫洗淨身體」之舉會產生汙垢。不妨依照下述步驟，循序漸進地降低洗淨力。

STEP ❶ 首先，將沐浴乳更換成「羧酸型」等產品。

↓

STEP ❷ 習慣之後改用「手」代替沐浴巾來清洗。以起泡網打出泡沫，直接用手輕撫清洗再沖掉即可。沒必要搓洗。

＊沒用沐浴巾會心生抗拒的人，可以使用材質與皮膚相近的沐浴巾，例如棉、羊毛或是絲綢等。

↓

STEP ❸ （配合個人喜好）改用「胺基酸型」的沐浴乳。皮脂分泌多的人，也可繼續使用羧酸型的產品。

↓

STEP ❹ 最終模式 僅汗水較多或有毛髮的部位才用沐浴乳清洗，其他部位不清洗也OK（泡澡即可充分洗除）。

＊顛倒❶❷的順序，先從洗法開始改變也OK。
＊習慣淋浴的女子，最好用沐浴乳進行一定程度的清洗。

羧酸型

成分表的前幾個欄位有「～羧酸鈉」或是「～乙酸鈉」的產品（※有例外）。

胺基酸型

成分表的前幾個欄位有「～丙胺酸鈉」或是「～谷氨酸鈉」的產品（※有例外）。

CHECK 2

須特別當心皂類&市售便宜沐浴乳

皂類屬於鹼性，洗淨力強，因此弱酸性的沐浴乳較佳。

然而市售便宜的弱酸性沐浴乳裡，有調配洗淨力強勁&帶刺激性的「十二酯硫酸銨」等成分。以「十二烷基硫酸～」或「十二烷基聚氧乙醚硫酸～」開頭的成分都很平價，市售的洗淨類產品經常都有添加，因此要特別注意。

建議選用基礎成分是弱酸性且洗淨力溫和的「羧酸型」或「胺基酸型」的產品。刺激性也低，令人安心。

碳酸美妝品幾乎都是「假貨」，毫無效果！

以碳酸浴犒賞自己的女子

特徵

- 疲憊時會泡個稍昂貴的「碳酸浴」
- 泡半身浴時會邊用智慧型手機看影片
- 碳酸咻咻地迅速冒泡，感覺連毛孔都會變美

DATA

期待碳酸效果

美白度：★★☆
滋潤度：★★☆
習慣喝水素水：★★☆

大部分的碳酸美妝品都不過是刺激性或洗淨力強的「偽碳酸」！

Check 1

大部分的碳酸美妝品都是使用「山寨版」的碳酸

碳酸面膜或碳酸洗髮精等相關「碳酸美妝品」，從數年前開始急速竄紅。各個都宣稱有促進血液循環效果或洗淨效果等。

然而，使用真正碳酸製成的美妝品極其稀少，**實際上大部分都是「類碳酸」**。如果成分表中寫的是**「二氧化碳」**，便是真品；若是寫**「碳酸鈉」或「碳酸氫鈉」**，即為假貨。真正的碳酸水是弱酸性，而類碳酸水則是鹼性。洗淨力雖強，對敏感肌卻是一種刺激。

Check 2

即便加了真正的碳酸，憑彩妝保養品是無法獲得效果的

真正的碳酸水中添加了**二氧化碳**。二氧化碳可以從皮膚吸收，隨著體內二氧化碳的濃度上升，身體的氧氣也會增加，即可促進血液循環——這的確是事實（雖然效果僅限當下）。

唯有在超高濃度的碳酸水中浸泡約15分鐘以上，才能獲得這種效果。彩妝保養品很難達到該濃度，即便達到了，二氧化碳的氣體很容易散失，根本無法維持濃度。要靠貨真價實的碳酸美妝品達到促進血液循環的效果，簡直難如登天！

かずのすけ格言　大概只有溫泉的「碳酸泉」，才能達到碳酸效果。

入浴劑終歸只是療癒商品

有蒐集入浴劑癖好的女子

特徵

- 週末泡澡會使用入浴劑
- 禮物常收到L●SH等販賣的泡澡球
- 送給朋友的禮物當然也是入浴劑

DATA

蒐集入浴劑

美白度：★★☆
滋潤度：★★☆
以可愛度為優先：★★★

坦白說，有價值的入浴劑少之又少！女性喜歡的「顏料浴」也要適可而止

Check 1

藥效型的入浴劑中幾乎沒有促進血液循環的效果

入浴劑應該有療癒的效果吧。但若從皮膚科學的角度來看，優良的入浴劑不多，什麼都不放最穩妥。

入浴劑主要分為2種。一種是**利用藥效成分來促進血液循環和發汗**，另一種則是**透過油等成分為肌膚保濕**。油類產品雖然無害，但藥效類產品幾乎都是騙人的把戲。常見的發泡型入浴劑用的就是前頁所介紹的類碳酸。非但沒有促進血液循環的效果，還會讓泡澡水轉為鹼性，所會造成肌膚乾澀……。

Check 2

深受女性青睞的時髦型入浴劑很多都是極為強效的產品

時髦的球型入浴劑備受女性的喜愛。泡澡水變得色彩繽紛，還有金粉或花瓣加以點綴，這些都頗受好評，但有些顏色與香氣卻隱含不好的成分。這種入浴劑就**等同於合成染色劑&香料的聚合物**。請務必明白，這跟浸泡在「顏料浴」中沒有兩樣。排水時對環境造成的負擔也很驚人。除此之外，泡泡浴最常用的原料是**「月桂基硫酸鈉」**等有刺激皮膚之虞的界面活性劑。浴鹽雖然有發汗作用，但高濃度的鹽分會造成刺激，因此敏感肌的人須特別留意。

熱水器因為入浴劑而故障的狀況，時有所聞。

去角質搓出來的「屑屑」才不是角質！

特徵

- 每週會在洗臉時使用 1 次去角質凝膠
- 看到屑屑不斷跑出來就無法自拔
- 喜歡去美體中心犒賞自己

DATA

希望做好角質護理

美白度：★☆☆
滋潤度：★☆☆
收集屑屑度：★☆☆

利用保養品去角質也是徒勞。搓出來的「屑屑」並非老廢角質！

Check 1

保養品中僅能添加少許的去角質成分

所謂的「去角質」，是塗抹具蛋白質變性作用或皮膚溶解作用的「AHA（果酸）」或「BHA（水楊酸）」等酸性物質，藉此讓皮膚剝離並重新生成。原本是一種**美容醫療**。

有些市售的洗面乳或凝膠裡調配了這種去角質劑，但是市售品的有效成分濃度稀薄，幾乎無效。話雖如此，這些確實是剝離皮膚的成分。頻繁使用的話，角質會減少，除了**皮膚變薄而引發過敏**之外，有時還會因為反作用力而**使角質變厚**。

Check 2

搓揉去角質凝膠而出現的屑屑不過是凝膠劑

去角質凝膠的廣告宣傳詞是「去除老舊角質，打造光滑肌」。以此產品搓揉皮膚，就會不斷跑出如橡皮擦屑屑般的東西，似乎有些人以為這就表示「有好多角質」、「肌膚變滑順了」。

然而，這些屑屑並非角質。只不過是凝膠內含有的**「凝膠劑」凝固了而已**。肌膚的滑順感多半要歸功於**「陽離子界面活性劑」**。此成分的刺激性強，一般不會加進保養品中。

在塑膠手套上去角質，也會跑出大量的屑屑。

去角質的原理為何？

- 去角質＝塗抹溶解皮膚的「AHA」或「BHA」等酸性物質，藉此讓皮膚剝離並重新生成。
- 去角質保養品的有效成分濃度稀薄，效果幾乎微乎其微，頻繁使用還會使肌膚變得不穩定。
- 去角質凝膠搓出的屑屑是「凝膠劑」。滑順效果則多是「陽離子界面活性劑」營造出來的。

CHECK 1

即便去角質力較弱，過度使用仍很危險！

根據法規，保養品添加的AHA或BHA之濃度，只能調配極少的分量。因此無法期待如美容皮膚科的化學性去角質那般效果卓著。然而濃度雖低，仍是會溶解皮膚的成分。對皮膚的刺激性很強，要特別留意。

和在家去角質截然不同的化學性去角質！

美容醫療上進行的「化學性去角質」，所用的AHA或BHA濃度達到數%～數十%左右，據說只要正確利用就能有效改善痘疤等（但是作用強，敏感肌的人須當心）。另一方面，保養品中的成分濃度低，幾乎沒有如化學性去角質般的效果。

［強度等級］

強 → 弱

「BHA（β 羥基酸）」水楊酸（水楊酸聚乙二醇）》「AHA（α 羥基酸）」甘醇酸 〉乳酸 〉蘋果酸

注意！

最近美容沙龍等處使用天然成分進行的去角質療程頗受歡迎，很多天然植物中也含有與BHA或AHA效果相當的成分，既然具備相同的效果，對皮膚造成的負擔也是一樣的，天然成分未必就能放心。

CHECK 2

去角質凝膠是屑屑詐騙！

使用去角質凝膠所搓出的大量屑屑，是凝膠的主要成分凝膠劑凝固而成的。屑屑如果是黑色的，表示沾覆了肌膚表層的髒汙，這些髒汙哪怕是滾動「米粒」也能沾黏下來。此外，有些商品為了製造出滑順感，還添加了用於柔軟劑等的陽離子界面活性劑。一般保養品是不該添加的！

除此之外，添加了AHA的洗面乳大多是以皂類為基底而呈現鹼性。AHA是酸性，所以會被中和而幾乎消失殆盡。

39

打造滑嫩腳掌不需要乳霜或輕石

在粗粗的腳後跟
抹上尿素霜的女子

特徵

- 入冬後腳後跟就會龜裂
- 習慣塗抹尿素霜來保養
- 對尿素一知半解

DATA

腳後跟又粗又硬

美白度：★★☆
滋潤度：★☆☆
護唇膏也是必備品：★★★

尿素霜、輕石、銼刀與去角質反而會讓腳後跟的角質變厚，請全面停用

Check 1

「尿素」是溶解角質的成分。
反而會使角質因反作用力而變厚！

「粗糙的腳後跟」又硬又有龜裂，有點羞於見人。如果試圖改善而**塗抹調配了「尿素」的保濕霜，反而會適得其反**。

尿素這種成分是利用蛋白質變性作用來溶解角質（＝蛋白質）。塗抹之後，看起來似乎消除了粗糙的外觀。然而愈是去除角質，愈會為了覆蓋該部位而增生角質，**反而導致腳後跟變厚**。

Check 2

角質會愈磨愈厚。
去角質最糟的情況是淪為香港腳!?

利用輕石或銼刀來磨腳掌，也會因為同樣的理由而帶來反效果。角質會愈磨愈厚。

此外，剝離腳後跟皮膚的足部去角質，**正是上篇介紹過的化學性去角質**。因為去角質而快速新生的皮膚，屏障機能並不完善。然而去角質劑會透過強效的蛋白質變性作用，**將抑制雜菌繁殖的皮膚常在菌也消滅掉**。屏障減弱，足部也很容易罹患香港腳等。

かずのすけ格言 遭剝奪便努力增生。這就是角質的天性。

打造如嬰兒般滑嫩腳掌的訣竅

大略重點整理的話……

- 去除角質的輕石、去角質劑、尿素霜等，反而會讓角質變厚，所以一律不用。
- 有許多女性因為穿高跟鞋而導致腳後跟變硬。最好盡可能穿平底鞋。
- 利用襪子、厚褲襪、鞋墊等，降低步行時對腳後跟的衝擊。

CHECK 1

只要改變鞋子，腳掌狀態也會不同

腳後跟之所以會變硬，是角質為了守護肌膚免於步行時的衝擊而變厚所致。尤其是穿上高跟鞋時，腳後跟容易與鞋子產生摩擦。只要盡量穿帆布鞋或是平底鞋，雖然得花上1年左右的時間，但終能獲得改善。穿高跟鞋時，至少要搭配厚褲襪、襪子或降低衝擊力的鞋墊。

打造漂亮的腳後跟從選鞋開始做起

要改善腳後跟，穿平底鞋最為理想。穿高跟鞋時則選擇搭配厚褲襪或鞋墊為佳。

CHECK 2

能讓腳掌角質大量剝落的去角質法

另有一種腳掌護理專用商品是要將腳穿進襪型凝膠膜裡，靜置30分鐘左右再清洗，幾天後腳掌的角質就會大量剝落……。

原理為P170～171介紹過的「化學性去角質」，依保養品的規定，能調配的去角質劑濃度低，一般來說皮膚不會大量剝落。然而腳掌用的產品可以歸類為「雜貨」，因此能大幅提高濃度，角質確實會大量剝落。

美肌女子的最愛是肉♡葡萄酒♡咖啡！

特徵

- 因為很忙，午餐常吃速食
- 選擇划算的套餐，薯條也會吃光光
- 最近開始在意面皰等肌膚粗糙的問題

DATA

喜歡油炸物

美白度：★☆☆
滋潤度：★★★
傍晚鼻翼會出油：★★☆

NG的肌膚護理

當心油炸物吃太多，膠原蛋白會不足。想擁有美肌就要當個「肉食咖啡黨女子」！

肉或蛋裡含有「膠原蛋白」的材料

肌膚即為「蛋白質」，因此若志在擁有美肌，最具代表性的肉或蛋必不可少。首推**「雞腿肉」**，**膠原蛋白的主要原料「羥脯胺酸」含量豐富**。直接攝取膠原蛋白也OK，但是營養補給品或飲料的CP值很低。此外，**「蛋」是含有蛋白質與其他均衡營養素的營養食品**，可以有效輔助孕育美肌。

Check 2

攝取有助美白&抗老化的抗氧化成分「多酚」

咖啡或葡萄酒中，**含有大量能抑制體內氧化的多酚，用來預防斑點或老化頗見成效**。咖啡也會氧化，所以請自行磨豆或是在店裡磨好後冷凍保存。

沙拉油裡含有許多在體內不易分解的**飽和脂肪酸**，故為NG油品。一經氧化就更加難以分解，會對消化器官造成負荷，有損肌膚或身體。同樣的油重複使用多次也會氧化，因此必須特別留意速食的炸薯條或便利商店的炸物熟食等。

かずのすけ格言　親子蓋飯與蛋包飯是我掛保證的餐點。

該攝取的營養素是蛋白質&多酚

- 雞肉（尤其是雞腿肉）中含有豐富的膠原蛋白材料「羥脯胺酸」，有益於打造美肌。
- 咖啡或葡萄酒中含有豐富的抗氧化成分「多酚」，建議用來預防斑點與老化。
- 氧化的油不但會對消化器官造成莫大的負擔，還容易囤積體內。須特別留意平價餐飲店的炸物等。

CHECK 1

多酚的抗氧化作用為何？

咖啡或葡萄酒中所含的「多酚」，具有抑制「氧化」的作用。這是因為多酚本身會吸納體內的氧化作用，可避免身體的氧化。它是為了防止曬黑、斑點與老化而必須攝取的物質。美肌成分「維生素C」也是一種強效的抗氧化成分。

咖啡的喝法是關鍵！

咖啡會氧化，因此最好在磨豆後1小時內品嚐。自行磨豆須於1小時內飲用；若是委由店家磨豆，請將咖啡粉冷凍起來。咖啡豆不含水分，即使冷凍也幾乎不會結凍。

CHECK 2

雞腿肉中含有豐富的羥脯胺酸

透過飲食所攝取的蛋白質不會直接形成肌膚，而是先分解為胺基酸，再與維生素C合成「羥脯胺酸」，這才是膠原蛋白的主要成分。既然如此，一開始就食用含有大量羥脯胺酸的雞肉（尤其是雞腿肉）等，最萬無一失。

此外，即使吃了雞肉，也還須花好幾天的時間才能形成肌膚，倘若攝取膠原蛋白的隔天就感受到肌膚變得有彈性，或許是營養或酒促進血液循環的緣故。

使用瘦身型美妝品，緊實的不是身體而是皮膚!?

特徵

- 只要是為了瘦身，不惜花大錢
- 身體緊緻凝膠要價〇萬日圓
- 剛洗完澡是按摩的黃金時間

DATA

超想瘦!!

美白度：★☆☆
滋潤度：★☆☆
也會做
小臉矯正：★★★

靠保養品瘦身是天方夜譚！讓消費者產生錯覺的瘦身美妝品須當心

Check 1

保養品的外包裝上不得標示「纖體」

靠著標榜「瘦身」、「燃燒脂肪」等的凝膠或乳霜是瘦不下來的。保養品的瘦身效果並未得到核可，標示「纖體」的話會違反商品標示法。

然而，**藉由保養品使肌膚「緊緻」，這種標示卻是可行的**。肌膚具有一種性質：受到微弱刺激就會暫時性緊縮（收斂作用）。單純只有皮膚收斂，身體並不會緊緻，但是提到「緊實」就會讓消費者誤以為是指身體。

Check 2

血液循環變好僅限於肌膚表層。皮下脂肪沒有任何變化

瘦身型美妝品的有效成分，**主要是「辣椒酊」、「香蘭基丁基醚」等，能提高肌膚溫度來促進血液循環**。溫度上升就會流汗，但也僅限於此。只有皮膚表層的血液循環變好，皮下脂肪並無變化。

利用凝膠等進行按摩或許能改善水腫，但那是**按摩的效果**。水腫有時是因為其他部位的血液循環不良，導致水分積留在腿部或臉部，這種時候就必須從根本原因來改善。

美顏器的實情謎團重重……

特徵

- 擁有五花八門的美容家電
- 深夜網購都會立即下單
- 週末會到家電量販店看新商品

DATA

依賴家電

美白度：★★☆
滋潤度：★☆☆
也很著迷於
蒸氣護膚：★★★

誰都不清楚美顏器的真面目。抱著「好像很有效♪」的心態使用沒問題嗎？

Check 1

維生素C或許可靠「離子導入」，但可能也有副作用

保養品只能滲透至肌膚表層。因此**「離子導入儀」**是憑藉離子的力量，將其傳送至肌膚深層。部分美容成分溶解於水中就會帶有靜電（離子），因此只要施加同電極的靜電就會產生相斥作用，將保養品推進至肌膚深層。然而即使是帶離子的成分，較大的分子仍舊無法進入肌膚深層，**能夠導入的著名成分只有「維生素C」**吧。然而強行從外部推送進去會伴隨副作用，也可想而知。

Check 2

不僅詳細資訊尚且不明，連風險分析也還不夠充分

保養品有標示成分的義務，故消費者可由此進行某種程度的好壞判斷。然而美顏器是歸類為「雜貨」，沒有像保養品那般**需要明示資訊的瑣碎規定**。因此消費者無從看清效果。不僅如此，**該領域的風險分析仍不夠充分**。舉超音波美顏器為例，也有一說認為超音波會傷害細胞。我個人認為，使用效果和風險都還無法掌握的產品，實屬不妥。

かずのすけ格言 最好將大部分的美顏器視為「可疑份子」。

對敏感肌而言，永久除毛才是最理想的除毛手段

特徵

- 有把愛用的T字型剃刀
- 試過蜜蠟除毛，但痛到從此打消念頭
- 冬天在除毛上很馬虎

DATA

用剃刀除毛

美白度：★★☆
滋潤度：☆☆☆
連臉部也用身體用的剃刀除毛：★★☆

用剃刀除毛也有可能導致毛孔粗大！電動除毛刀或永久除毛對肌膚較為溫和

Check 1

剃刀會導致毛孔發炎或粗大，除毛霜則有造成肌膚粗糙之虞！

除毛方式有幾種類型，如果是敏感肌或有異位性皮膚炎的人，除毛霜很危險。其主要成分為**「巰基乙酸鈣」**，也會用於燙髮劑中，為強效的**「還原劑」之一**。具有溶解蛋白質的作用，因此毛髮四周的皮膚（＝蛋白質）也有可能變得粗糙。

此外，剃刀會刮除皮膚，很可能會引起毛孔發炎而導致毛孔粗大，故不推薦此法。

Check 2

一旦拔毛失敗，還可能因為「埋沒毛」而發炎

綜合以上所述，如果要「剃 or 拔」擇一，**拔毛會好些**。然而尖銳的拔毛夾可能會傷及皮膚。此外，要是未能從毛根處拔起，而使短毛殘留於毛孔中，很可能會埋在皮膚裡而引起發炎。**選用前端呈圓弧狀、可順暢拔毛的拔毛夾較佳**。最優良的當屬**「電動除毛刀」**。價格有一定水平的產品對肌膚完全沒有負擔。若不是非自行處理不可，到醫療機構進行除毛最為理想。對肌膚而言，此法比持續自行處理要溫和得多。

毛剃了會變粗？除毛知識小整理

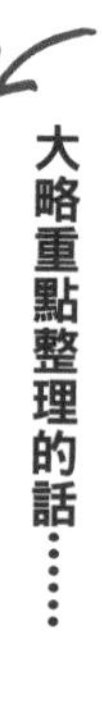

- 毛剃了並不會變粗，但會導致毛孔發炎或粗大。此外，除毛霜對皮膚的刺激很大！
- 拔比剃來得好，但一不小心也可能引發毛孔發炎。前端呈圓弧狀、便於夾住毛髮的拔毛夾為佳。
- 若要自行處理，電動除毛刀最為理想。但是長遠來看，到醫療機關永久除毛方為上策。

CHECK 1

毛剃了之後會變粗嗎？

「毛剃了會變粗」是錯誤的說法。毛的根部較粗，愈往前端則愈細，因此從根部附近剃除，看起來會比較粗。不過，剃毛有時會引發毛孔發炎而變粗大。

最好的方式是永久除毛。手術時雖然會稍微發炎，但刺激性比多次自行處理來得低。不過最好去醫療機構而非美體中心。

除毛小知識

雖說是無用之毛，但並非處理掉就好。未以正確方式進行除毛，會導致肌膚粗糙。

[毛剃了看起來變粗的原因]

毛的構造是根部較粗，愈往前端愈細。從根部附近剃除即會露出切面，因此看起來比較粗。

● 何謂埋沒毛？

未能從毛根處拔出，而使短毛殘留於毛孔中，殘毛有時會在肌膚內生長並埋沒其中。肌膚很可能會發炎，因此最好使用好的拔毛夾！

若要挑選拔毛夾……

前端呈圓弧狀，且左右夾子可以完美疊合的產品最佳。即便按壓肌膚也不會造成太大的傷害，還能輕鬆夾住毛髮。

CHECK 2

拔毛失敗還可能形成埋沒毛

前端尖銳的拔毛夾不但會傷及皮膚，還可能無法成功從毛根處拔起。短毛若殘留於毛孔中，會在肌膚內生長並埋沒其中，肌膚很可能因而發炎。最好使用優質的拔毛夾。

自行處理的最佳工具是電動除毛刀。價格有一定水平的商品幾乎不會造成刺激。

かずのすけ語錄

全身美容師並無醫療資格。除毛最好至醫療機構。

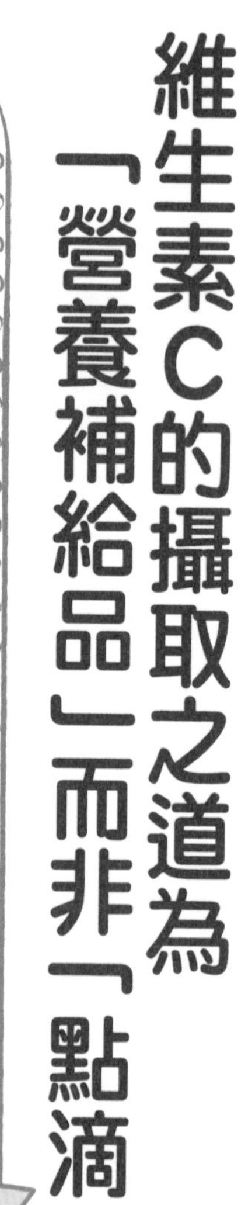

維生素C的攝取之道為「營養補給品」而非「點滴」

定期打維生素C點滴的女子

特徵

- 定期到醫院打維生素C點滴
- 其實很想追加各式各樣的成分
- 因為是直接進入血液中，好像很有效

DATA

直接攝取營養

美白度：★★★
滋潤度：★★☆
覺得做了對身體有益的事：★★★

即使攝取大量維生素C也沒有意義！努力養成每天服用營養補給品的習慣為佳

Check 1

超出所需量的維生素C會全部化為尿液排出

到美容皮膚科等處打「維生素C點滴」，或許是浪費時間和金錢。維生素C是易溶於水的「水溶性維生素」，因此**超出所需量的部分會全以尿液的形式排出**。**過度攝取雖然無礙，但也毫無意義**。此外，對於「點滴可讓維生素C遍及血液」的說法仍眾說紛紜。即便是從嘴巴攝取，營養素也會被內臟吸收並融入血液之中，最後化為尿液排出。

Check 2

維生素C營養補給品是美肌良伴。唯二須小心的是維生素A與E

另一方面，**建議養成透過營養補給品攝取維生素C的習慣**。美白與抗氧化的效果可期。常冒痘痘或肌膚粗糙的人，攝取維生素B2應該也不錯。營養補給品若被登錄為「營養機能食品」，便是效果受到核可的標記。

不過**維生素A與E是容易囤積的「脂溶性維生素」**，攝取過度還會引發副作用。懷孕期間攝取過多維生素A，有時會對胎兒造成不良影響，因此最好特別留意。

かずのすけ格言　維生素C點滴根本是糟蹋維生素C和金錢。

化學物質侵入體內的「經皮毒」之真相

特徵

- 挑選洗髮精&護髮品時重視香氣勝過成分
- 也會透過郵購購買國外洗髮精
- 對強調天然萃取的國外品牌很放心

DATA

被經皮毒蒙蔽

美白度：★★☆
滋潤度：★★☆
在網路上查詢：★★★

有害化學物質不會從皮膚入侵 但香料則另當別論

Check 1

在一般用途上，成分絕無可能侵入體內

日用品或彩妝保養品中所含的有害化學物質，會從皮膚侵入體內並「囤積」，引發各式各樣的健康危害……。**這種俗稱「經皮毒」的主張根本是胡說八道**。

追根究柢起來，經皮毒論點中所指責的成分有二，分別為**「月桂基硫酸鈉」以及「PG（丙二醇）」**。月桂基硫酸鈉必須浸泡50小時左右，才會有微量進入肌膚中，但這類清潔劑通常都會立刻洗掉。再者，PG現在已經幾乎沒在使用了。

Check 2

要通過肌膚屏障並非易事。即使辦到了也會100%化為尿液

讓彩妝保養品或日用品這種程度的成分，暢行無阻地進入肌膚深層——我們的肌膚屏障並沒有這麼不堪一擊。即便是從傷口或發炎處大量侵入體內，**由於界面活性劑會溶於水，因此100%都會在1週內化為尿液排出**。

多數人對化學物質的實態一知半解，所以會毫無根據地心懷恐懼。有些彩妝保養品的傳銷等會利用這種心理，千萬別受騙上當了。

須當心「經皮毒傳銷」。

經皮毒 幾個常見的誤解

- 肌膚因清潔劑等變得粗糙，是因為當中的成分對皮膚「表層」造成刺激，並沒有侵入至內部。
- 痠痛貼布與類固醇是「醫藥品」，因此是刻意經由皮膚吸收來達到效用。這類應另當別論。
- 有些成分長時間浸泡就會侵入體內，但是幾乎不會「囤積」。香料則很容易入侵，要避免常用。

CHECK 1 月桂基硫酸鈉經皮吸收的數據

「月桂基硫酸鈉」必須以濃度1%的溶液持續不斷地接觸皮膚長達48小時，才能夠滲入0.000000024g／cm^2左右。月桂基硫酸鈉為洗淨成分，洗好後便會立即沖掉，因此以現實面來看，按照一般用法是不可能經由皮膚吸收的。

經皮毒是謊言，但要留心香料

「經皮毒」這個複合詞，原本是指月桂基硫酸鈉與PG的經皮吸收。由此衍生出「各種界面活性劑等會侵入肌膚內部」的謠言，並且不斷散播出去。另一方面，雖然和經皮毒本是兩回事，但應該對「香料」的經皮吸收提高警覺。化學物質中的香料是特例，分子小，而且屬於不溶於尿液的脂溶性，因此也有可能侵入人體並囤積在體內。

CHECK 2

私密處經皮吸收性的實況

「女性私密處的經皮吸收性高達42倍！」這種說法甚囂塵上，也有布衛生棉業者巧妙地利用該說法。

這個42倍的實驗是使用「腎上腺皮質醇」進行的，這是種具經皮吸收性的類固醇型醫藥品。使用為求功效而本來就具經皮吸收作用的醫藥品，是不合理的。倘若使用彩妝保養品成分來實驗，是不會出現這種數據的。

不用洗髮精，光靠溫水就能沖掉頭髮髒汙!?

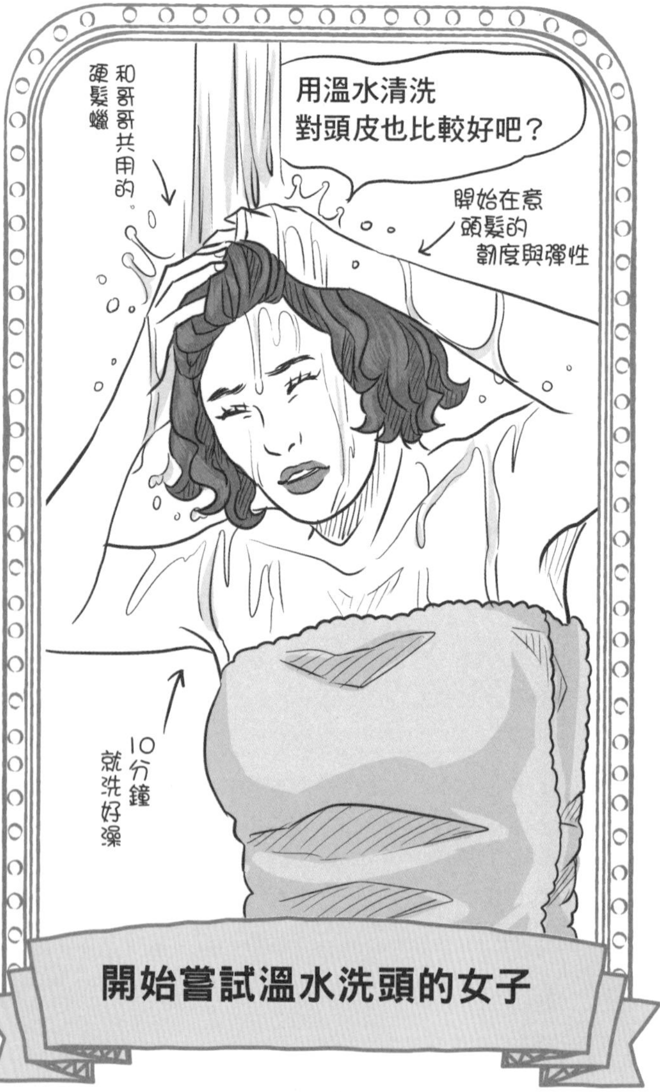

開始嘗試溫水洗頭的女子

特徵

- 聽說對頭髮很好便開始以溫水洗頭
- 在蓬鬆的捲髮上使用髮蠟
- 用剪刀修剪髮尾分岔

DATA

在意洗髮精的成分

美白度：★★☆
滋潤度：★★☆
也實踐塔摩利沐浴法2：★★★

2：指日本音樂節目Music Station主持人塔摩利實行的10分鐘清水泡澡法。

輕熟女要成功實行「溫水洗頭」須有苦修3年以上&常保素髮[3]的覺悟

Check 1

即便開始以溫水洗頭，皮脂分泌量也不會立刻改變

洗髮精中含有不好的成分，所以只用溫水洗頭髮吧——這種俗稱**「溫水洗髮」**的方式正悄悄地成為話題。

的確，大部分市售洗髮精的洗淨力都非常強。因此頭皮會試圖補足脫脂的部分，分泌大量的皮脂。然而，即使改以溫水洗髮，**具「恆常性」的肌膚也不會立刻改變這種習性**。一般慣用洗髮精的人若突然改以溫水洗頭，頭皮與頭髮都會變得油膩膩的。

3：素髮是指人本來的健康頭髮。僅給頭髮最低限度的洗護保養，使其維持細致滑順。

Check 2

溫水可洗除7成的頭髮髒汙。但殘留的3成會堆積出問題

「光用溫水也能洗除7成的頭髮髒汙」，這種說法是事實，但殘留的3成髒汙會堆積，**頭髮整體會因皮脂而日益黏膩**。以皮脂為食物的皮膚常在菌增加，還會徒增各種頭皮煩惱。

年過50而皮脂較少的人暫且不論，輕熟女的話，**需要3年**才能達到皮脂分泌減少、以溫水洗髮也很舒適的狀態。再者，頭髮造型劑單靠溫水是洗不掉的，因此先決條件是要常保素髮狀態。

かずのすけ格言　不值得在溫水洗髮上耗費3年時間。

以「無矽靈為傲」的洗髮精最碰不得

被無矽靈騙得團團轉的女子

特徵

- 認為矽靈會堵塞毛孔
- 愛逛藥妝店
- 喜歡清爽型的護髮品

DATA

厭惡矽靈

美白度：★★★
滋潤度：★★☆
嚮往柔順的
髮質：★★★

在「無矽靈」上大做文章的市售洗髮精，無論內容物還是使用後的感覺幾乎都不及格

Check 1

其實矽靈本身是可以放心的成分……

這幾年來，標榜「無矽靈」的洗髮精與日俱增。然而**矽靈本身是可以形成安全覆膜（表面被覆）的油**。物質因為某些原因引起「化學反應」，才會對皮膚造成刺激，但是矽靈的**「穩定性」高，不會引起化學反應**。換言之，只要沒有刺激，即便是油類也不會氧化。由於矽靈是被覆劑，過量會使髮質變得沉重，但沒必要特意避而遠之。

Check 2

添加矽靈＝也加了劣質的界面活性劑

使用劣質界面活性劑製成的洗髮精會使頭髮變得毛躁。添加矽靈的目的就是為了掩蓋這點。美髮店專賣品等洗髮精未添加劣質的界面活性劑，**因此不需要矽靈，通常不會添加**。但正因為普遍如此，所以很少會特地強調「無矽靈」。會在無矽靈上大做文章的，主要是一些**愈改愈糟的商品，只不過是從掩飾毛躁感的洗髮精之中去除矽靈罷了**。

かずのすけ格言　不過是去掉矽靈而已，反而比較貴！

事先掌握
哪些洗髮精應避而遠之

- ●市售品大多都有添加「～硫酸鈉」、「～磺酸鈉」的成分，洗淨力過強。
- ●添加矽靈＝使用劣質界面活性劑的證據。但是以無矽靈為傲的市售品×。
- ●皂質洗髮精或調配藥用殺菌劑的洗髮精，會使頭皮和頭髮受損。

CHECK 1

應該如何看待矽靈？

矽靈是可以放心的成分，但若大量加入洗髮精中，則成了意圖掩蓋劣質界面活性劑造成頭髮毛躁的證據。然而特地宣稱「無矽靈！」的大眾洗髮精，大半是從使用劣質界面活性劑的洗髮精之中去除矽靈罷了。

應當避免的洗髮精成分

市售的洗髮精數量龐大。如果不知道該如何選擇，不妨留意以下幾點。

CHECK 這裡！

- 字尾有「～硫酸鈉」、「～硫酸TEA」等字樣的產品NG
- 字尾有「～磺酸鈉」等字樣的產品NG

※單一的「硫酸鈉」則OK

[3大NG界面活性劑]

「月桂基硫酸鈉」

「月桂基醚硫酸鈉」

「α-烯烴磺酸鈉」

洗髮精的洗淨成分主要是「陰離子界面活性劑」。大眾用洗髮精之中用得最多的是「月桂基硫酸鈉」、「月桂基醚硫酸鈉」與「C14-C16烯烴磺酸鈉」等。這類名為「硫酸類」、「磺酸類」的陰離子界面活性劑，洗淨力與刺激性強，敏感肌的人尤須注意。

其他NG字眼！

- 皂類（鉀皂基）
- 殺菌劑（匹賽翁鋅、吡羅克酮乙醇胺鹽等）

CHECK 2

將皂類&殺菌劑用於洗髮精也NG

皂類是弱鹼性的清潔劑。毛髮表面角質層的構造是：遇弱酸性會閉合，遇鹼性則打開；因此使用皂質洗髮精會使角質層打開而變得毛躁。此外，毛髮的主要成分角蛋白不耐鹼性，若是受損的毛髮還有可能受到嚴重損傷。

為頭皮屑與頭皮癢所惱的人，往往會使用調配了殺菌劑的藥用洗髮精，但是使用殺菌劑會連守護肌膚的皮膚常在菌也殺死。還可能會因為外部雜菌繁殖而導致頭皮粗糙，因此須特別注意。

洗髮精的正確選法

● 選擇使用以溫和陰離子界面活性劑為基底的「羧酸型」、「牛磺酸型」與「胺基酸型」的洗髮精。

● 習慣使用市售平價洗髮精的人，先從洗淨力較高的羧酸型or牛磺酸型著手。

● 再依個人喜好，進一步轉換成低刺激&低洗淨力的胺基酸型也ＯＫ。

CHECK 1

選擇刺激性低的洗淨成分為宜

作為洗髮精洗淨成分來運用的「陰離子界面活性劑」中，除了月桂基硫酸鈉等強效成分之外，另有低刺激且洗淨力穩定的成分。這些就是名為「羧酸型」、「牛磺酸型」與「胺基酸型」的產品。

羧酸型、牛磺酸型與胺基酸型的分辨方式

雖然也有例外，但成分表前幾個欄位若有標示以下成分，大致上都可以判斷是羧酸型、牛磺酸型或是胺基酸型的其中一種。

[羧酸型]

CHECK 字尾！

「～羧酸鈉」

「～乙酸鈉」

例）月桂醇聚醚-5 羧酸鈉

[牛磺酸型]

CHECK 字尾！

「～牛磺酸鈉」

例）油醯基甲基牛磺酸鈉

[胺基酸型]

CHECK 字尾！

「～氨基丙酸鈉」

「～谷氨酸鈉」

例）月桂醯基甲基氨基丙酸鈉

注意！ 即便有標示上述成分，如果主要成分中也有添加月桂基硫酸鈉、月桂基醚硫酸鈉或α-烯烴磺酸鈉等，那就白費心機了！最好仔細確認。

CHECK 2

訣竅是循序漸進地降低洗淨力

洗淨力由高而低依序是牛磺酸型、羧酸型與胺基酸型。每一種都具有很低的刺激性&穩定的洗淨力。

然而市售大眾用洗髮精的洗淨力幾乎都很強，突然換成胺基酸型的話，很有可能洗淨力會不足。

若原本習慣使用大眾用洗髮精，最好先從羧酸型著手。之後亦可配合個人喜好轉用胺基酸型。

在美髮店整髮後，應當拒絕高額護髮！

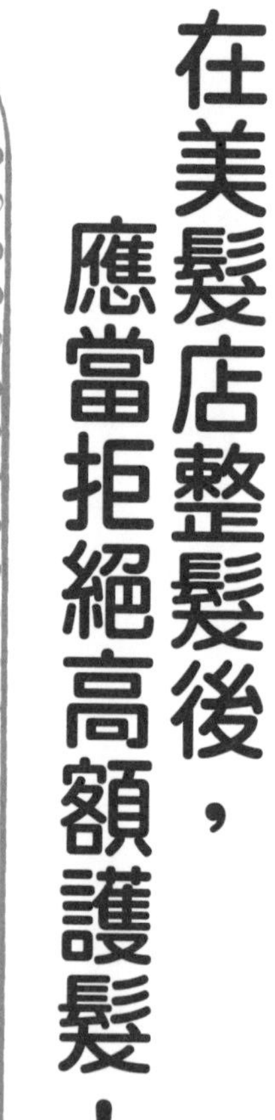

燙髮後只要護髮就滿足的女子

特徵

- 將長髮燙得蓬鬆
- 燙髮後會在美髮店做高額護髮
- 在美髮店埋首翻閱女性雜誌

DATA

一定要護髮

美白度：★★☆
滋潤度：★★☆
怕被認為小氣而無法拒絕：★★★

即便髮型設計師強力推薦，縮毛矯正或燙髮後的收費護髮是NG的！

Check 1

美髮店的收費護髮是將頭髮「覆上一層膜」

在美髮店燙髮或是進行縮毛矯正等，往往會認為「為了降低損傷，必須護髮才行」。然而在使用這類藥劑整髮之後，**不應該進行收費護髮**！

美髮店的收費護髮大多是為了提升美觀度以及觸感，而利用皮膜劑為頭髮覆上一層膜。也就是說，**整髮時所用的藥劑仍然殘留在頭髮上，並被包覆其中**。

Check 2

因整髮而殘留於頭髮上的藥劑會被包覆在覆膜中！

燙髮或縮毛矯正所用的藥劑，**整髮之後還會在頭髮上殘留一段時間**。硫磺般的藥劑味愈強，代表殘留得愈多。雖然護完髮的當下頭髮會變得滑順，但經過2週左右就會變得乾燥蓬亂。這不單是因為洗除了覆膜，更是因為**殘留的藥劑被包覆在護膜中而無法揮發**所致。尤其是燙髮或縮毛矯正所用的**「還原劑」仍持續切斷頭髮的結合**。

かずのすけ格言 美髮店的護髮是美觀度優先於修補。

染髮、燙髮、縮毛矯正後的NG行為彙整

- 整髮後1週內，藥劑仍會殘留於頭髮上，所以應避免在頭髮覆上強韌外膜的護髮。
- 頭髮如果未恢復至「弱酸性」就會持續受損，因此「鹼性」的皂質洗髮精是NG的。
- 角質層因整髮而打開，處於不堪受損的狀態，因此硫酸類或磺酸類的洗髮精×。

CHECK 1

鹼性會讓角質層敞開

染髮、燙髮、縮毛矯正是利用「鹼劑」讓頭髮呈鹼性，藉此打開「角質層」，好讓染劑或燙髮液滲入。整髮後若仍維持鹼性，染劑容易從敞開的角質層中流失，也容易受到不良成分的影響，因此鹼性的皂質洗髮精是NG的。

染髮、燙髮與縮毛矯正造成的損傷

這三者對頭髮造成的損傷程度截然不同。

[使用的藥劑及其受損程度]

將髮絲受損程度設定為「1」是最小、「10」是最大，各種整髮的資訊如下（數值僅供參考）。

整髮	受損程度	使用藥品
染髮	3	鹼劑＋弱氧化劑
漂白	5	鹼劑＋強效氧化劑
燙髮	7	鹼劑＋強效還原劑＋氧化劑
縮毛矯正	10	鹼劑＋強效還原劑＋高熱＋延展力＋氧化劑

健康的頭髮屬於「弱酸性」，角質層是閉合的。染髮、燙髮與縮毛矯正是使用「鹼劑」讓頭髮轉變為鹼性，藉此打開角質層，從而讓各種藥劑侵入其中。燙髮以及縮毛矯正則是使用「還原劑」來改變頭髮的形狀，此舉是切斷毛髮的結合，因此會造成莫大的傷害！

CHECK 2

燙髮&縮毛矯正的還原劑破壞力強！

燙髮或縮毛矯正使用的「還原劑」，造成的損傷遠遠大過鹼劑。

頭髮主要是由「角蛋白」構成的，而角蛋白是一種以強力的「二硫鍵結合」連接而成的物質。切斷這種結合的就是還原劑。切斷結合即可輕易改變頭髮的形狀，一般說的燙髮是燙捲，而燙直的話則稱為縮毛矯正。不過整髮後立即進行護髮為頭髮覆上外膜，殘留的還原劑就會持續切斷角蛋白的結合，可能會演變成難以挽回的損傷。

頭髮的損傷雖然無法「修復」卻可以「修補」

大略重點整理的話……

● 調配角蛋白：◎可讓燙髮與縮毛矯正的「還原劑」失去活性。◎修補頭髮損傷。

● 調配羥高鐵血紅素：◎可讓燙髮與縮毛矯正的「還原劑」失去活性。◎使染＆燙更持久。

● 選擇弱酸性的洗髮精。羧酸型、牛磺酸型與胺基酸型幾乎都是弱酸性。

CHECK 1

「角蛋白」的效果為何？

「角蛋白（or水解角蛋白）」具有氧化作用，能有效讓因為燙髮或進行縮毛矯正而殘留於頭髮上的「還原劑」失去作用。

除此之外，可緊附於構成頭髮的角蛋白之切面，以「補丁」般的形式來補強損傷處。

染髮、燙髮與縮毛矯正後的護髮選擇

整髮後頭髮若仍維持鹼性，染劑或已溶解的毛髮蛋白質等容易從敞開的角質層中流失，此外，燙髮或縮毛矯正所用的還原劑，在鹼性環境下活性較佳。利用弱酸性洗髮精讓頭髮逐漸恢復為弱酸性，同時以添加角蛋白or羥高鐵血紅素的護髮品來褪除藥劑即可（護髮品的油分很多，不太會影響到pH值）。

勿讓護髮品接觸頭皮

使用護髮品，終歸只是為了讓洗髮精清洗過後的頭髮變得柔軟，展現出更秀麗的美髮。只要謹慎挑選洗髮精，就不會因為護髮品的成分而造成頭髮損傷。然而護髮品中必備的「陽離子界面活性劑（硬脂基三甲基氯化銨、十六烷基三甲基溴化銨）」對肌膚的刺激性強，因此須避免接觸皮膚。

CHECK 2

「羥高鐵血紅素」的效果為何？

「羥高鐵血紅素」能有效將氧氣傳送至因為燙髮或進行縮毛矯正而殘留於頭髮上的「還原劑」，使其因而失去作用。

此外，還能讓染燙效果更持久，具有令人欣喜的效果。然而，若在整髮前使用會使藥劑失效，因此在整髮前3天內最好暫停使用。

かずのすけ語錄

頭髮一旦遭到破壞就無法恢復原狀，但是可以修補。

可透過使用方式減輕吹風機的傷害！

主張讓頭髮自然風乾的女子

特徵

- 洗完澡就立刻滑手機
- 勤奮地用梳子梳著長髮
- 夏天很熱，所以討厭吹風機

DATA

頭髮乾燥蓬亂

美白度：★★☆
滋潤度：★☆☆
冬天以外都主張
自然風乾：★★★

濕髮處於超脆弱的狀態！洗完澡後就趕緊用吹風機吹乾！

Check 1

頭髮一沾濕，耐久性就下降約6成！

洗完澡後就頂著一頭濕髮，悠哉地看電視或滑手機是NG之舉。頭髮在濡濕的狀態下，**耐久性會下降約6成**之多。

在這樣的狀態下，**毛巾的摩擦等微小的破壞都會造成頭髮損傷**。使用電捲棒尤其糟糕。用梳子梳理也會造成相當大的傷害，請特別留意。尤其是塑膠等材質和頭髮性質相差甚遠的梳子，**會產生靜電而造成刺激**。等確實吹乾頭髮後，再以豬鬃等天然素材的梳子梳理為佳。

Check 2

吹風機造成的損傷不及維持濕髮狀態的傷害

「可是使用吹風機會傷害頭髮，變得很毛躁……」或許有人有這樣的想法。吹風機的熱能確實多少會造成損傷。不過**仍比維持濕髮狀態要好得多**。

用吹風機可以吹乾頭髮，是因為頭髮會試圖冷卻熱能而蒸散水分（蒸發熱）。因此，用吹風機加熱頭髮時，**吹乾到一定程度後最好切換成「冷風」**予以冷卻。如此一來水分便不會蒸發，即可防止毛燥。

 かずのすけ格言　比起吹風機的熱能，更應該在意的是濕髮的狀態。

守護頭髮隔絕吹風機熱能的免沖洗護髮品

- 若要守護頭髮隔絕吹風機的熱能，比起油類，水基底的「噴霧」才是正解。
- 「角蛋白」受熱會凝固，形成頭髮的保護膜。亦有形狀記憶作用，用於造型也OK。
- 「甲殼素」具有隔熱效果。「內酯誘導體」則是一加熱就能修補受損髮絲。

CHECK 1

保護頭髮隔絕熱能，噴霧優於油類

出了浴室才用的護髮品，多為山茶花油或是摩洛哥堅果油等「油脂」，然而油脂一接觸到吹風機的熱氣就會立刻氧化。雖然同樣都是油製品，但矽油則無此問題，不過最推薦的是以水為基底，並添加具隔熱效果成分的噴霧型產品。

若要守護頭髮隔絕吹風機的熱能

洗髮後，有哪些護理方法可以避免頭髮受損呢？請參考以下幾點。

CHECK 2

守護頭髮隔絕熱能的成分

「角蛋白（or水解角蛋白）」只要一受熱就會硬化，形成頭髮的保護膜。還有助於記憶形狀，因此亦可用於造型上。

蝦蟹殼的成分「甲殼素」，具有強效的隔熱效果。

另外，還有名為內酯誘導體的「Gamma-Docosalactone」以及「白池花內酯」，都是藉由受熱來修補受損髮絲的成分。

維護頭皮的健康，油或卸妝品通通不需要！

特徵

- 最近掉髮量很多
- 利用免沖洗的護髮品進行毛髮護理
- 渾然未覺光澤感與出油的不同

DATA

為毛髮補油

美白度：★★☆
滋潤度：★☆☆
想利用頭皮的油
來大掃除：★★★

使用油或梳子進行頭皮按摩有可能會造成反效果

Check 1

無論是油還是頭皮按摩梳，只會擾亂頭皮狀況而已

有人會在頭皮上抹山茶花油等進行按摩，或是用頭皮按摩梳刺激頭皮……。

然而，即使抹了油也不會有顯著的成效。山茶花油是和人類皮脂相近的油，因而無害，但是**油脂氧化後有時會有異味**。此外，油分一旦堆積，就需要使用洗淨力強的洗髮精。塑膠製的頭皮按摩梳帶有靜電，反而會造成頭髮損傷。進行頭皮按摩**沒必要使用髮妝品或道具**。

Check 2

過度去除皮脂會使頭皮環境惡化

「為了防止掉頭髮，要確實去除頭皮的油脂！」有些人為此而進行頭皮卸妝，但這也是沒必要的。皮脂能讓肌膚維持弱酸性，**是守護皮膚使其免於雜菌或刺激的「薄膜」**。皮脂不足會讓肌膚變得毫無防備，才會導致頭皮環境惡化。此外，過度剝奪皮脂的話，頭皮會試圖補足，**反而會促進皮脂分泌**。然而皮脂若長時間接觸空氣就會「氧化」，導致異味或發炎。因此適度保留皮脂至關重要。

雖然有人「換了洗髮精後掉髮量變多了」，但以結論來說，掉髮量並不會因為洗髮精而增加。

毛髮有其生長循環。處於「成長期」的毛髮，其根部的「毛球」十分健壯，只是稍微拉扯是不會掉的。然而毛球在數年間持續成長後會退化，毛髮一旦進入「休止期」便能輕易拔除。我們的毛髮每天約會掉50～100根，這是因為幾千根處於休止期的毛髮，每天都在少量地掉落。

舉例來說，如果從一般洗髮精換成無矽靈洗髮精或皂質洗髮精等，會讓頭髮變得更毛燥，因此清洗時頭髮之間的摩擦會變大。結果導致休止期的毛髮掉得比平常還多，僅此而已。

掉髮或禿頭的直接原因，在於壓力等造成的賀爾蒙失調，而非洗髮精成分所致。然而洗髮精的「洗淨力」若過度或不足，便會因頭皮環境惡化而造成頭皮屑或發炎等，這些有時會「間接」助長掉髮。正因如此，洗髮精的洗淨力才會這麼重要。

第4章

該選擇哪一種？正確的肌膚護理

大家在進行肌膚護理時，
是否曾經煩惱過，
到底哪種方式才正確？
此章將針對這些切身的疑問一一解答。

卸完再洗VS只卸不洗

哪種做法好？

依卸妝品的種類和膚質而定

原因 1

以界面活性劑為主體的卸妝品不需要二度洗臉

界面活性劑有讓彩妝隨著水洗除的作用，**以界面活性劑為主體的乳狀和液狀卸妝品不易殘留於肌膚，所以不須再次洗臉**。多數卸妝油與卸妝霜的油分在洗臉後會殘留於肌膚，因此最好再洗一次臉。

原因 2

痘痘肌或敏感肌即便使用油脂也需要二度洗臉

雖然同樣是油，**油脂型卸妝品**更容易沖水洗除，即使不二度洗臉也無妨。然而**容易冒痘痘或罹患脂漏性濕疹的人**較易因為油分而肌膚粗糙，因此建議再洗一次臉。

邁向美肌的保養訣竅

即便是油脂卸妝品，痘痘肌的人卸完仍須用胺基酸等溫和的洗面乳二度洗臉

所謂的**二度洗臉**，是指卸妝後再用洗面乳洗臉，以免卸妝品殘留於肌膚。

「乳狀」或「液狀」的卸妝品，主要是靠界面活性劑來卸除彩妝。「油」或「霜狀」則是藉著油分使彩妝浮起，然後再以界面活性劑洗除。界面活性劑便是這樣靠水洗除彩妝的，因此以此為主體的**乳狀或液狀容易沖水洗除，基本上不必二度洗臉。油或霜狀則會有油分殘留於肌膚上，因此基本上必須再洗一次臉**。

「油脂」則是例外，雖然是油，但比較容易沖水洗除，即便不慎殘留於肌膚，因為是近似皮脂的成分，所以基本上不須再次洗臉。然而過剩的油分會誘發面皰或脂漏性溼疹，若是敏感肌的人，還會因油分分解物（脂肪酸）的刺激而使肌膚變粗糙。容易冒痘痘或罹患脂漏性溼疹的人，**使用油脂卸妝品後，請用胺基酸型**等溫和的洗面乳再次洗臉。

早上只用溫水洗臉VS早上也用洗面乳確實洗臉

哪種做法好？

前一晚若已洗過臉，早上僅以溫水沖洗為佳

原因1

洗臉基本上以1天1次最理想

過度洗臉是各種肌膚問題的源頭，因此前一晚若已卸妝或洗臉，基本上隔天早上**只用溫水洗臉最為理想**。原本完全不使用洗面乳的人則照舊即可。

若是溫和的洗面乳1天2次也無妨

在意油光的人或是至今持續奮力洗臉的人，洗臉以**1天2次**為限也OK。尤其是洗淨力穩定的羧酸型或胺基酸型的洗面乳，更不成問題。

邁向美肌的保養訣竅

無論早晚，洗臉以1天1次最佳。不過若是溫和的洗面乳，2次也OK

洗臉過度是**導致乾燥或皮脂過剩的原因。晚上若使用洗面乳，隔天早上最好只用溫水洗臉**。本來就只使用卸妝品而完全不用洗面乳的人，繼續維持原本的做法即可。

另一方面，「很在意油光，所以早上也想用洗面乳確實清洗！」這類的人，每天早晚用洗面乳各洗1次臉也無妨。

尤其是本書介紹過的「羧酸型」或「胺基酸型」的洗面乳，可以確實保留肌膚所需的潤澤，因此**1天使用2次為限**的話也沒關係。

相反的，原本習慣1天洗臉多達3、4次的人，如果突然每天只用胺基酸型產品洗1次臉，這樣的改變必然會導致肌膚粗糙。雖然要當心清洗過度，但也要考慮自己的膚質或至今為止的護膚方式，**以不勉強的方式來控制洗淨力**。

起泡網VS容易起泡的洗面乳使用哪種好？

起泡網

原因 1

形成泡沫的添加劑有時會對皮膚造成刺激

洗臉時「泡沫」極為重要是不爭的事實。這是因為**泡沫會成為緩衝物，可以減輕用手搓揉肌膚時所造成的「摩擦」**。此外，洗面乳起泡後會膨鬆脹大而增加清洗面積，亦是優點之一。

然而，為了增加洗面乳的泡沫就需要**「添加劑」**，有些成分還會伴隨皮膚刺激。使用**「起泡網」**等自行打泡的方式最佳！

邁向美肌的保養訣竅

泡沫確實很重要，但挑選洗面乳時若以起泡度為重，風險會提高

「洗臉時打出泡沫至關重要」，這種說法是正確的。因為泡沫有「緩衝作用」，可以減輕用手搓揉肌膚時所造成的「摩擦」。此外，洗面乳打成泡沫就會膨鬆脹大，可清洗的面積也變廣，可謂一舉兩得。

然而要改善起泡度就必須加入「添加劑」，而這些成分有時是帶有刺激性的。

以前曾發生過因為某品牌的洗面皂，而接連出現「小麥過敏」的受害者，大家還記得這個事件嗎？那家彩妝保養品公司的廣告內容，就是將厚實綿密的泡沫放在手掌上，然後掌心朝下一翻，泡沫仍附著在手上不會掉落！形成這種厚實綿密泡沫的，是一種名為**「水解小麥蛋白」**※**的增泡成分**。這正是引發小麥過敏的元凶。

與其寄望洗面乳的起泡度，不如轉個念頭：**「打泡沫靠自己」**，好好活用起泡網或起泡球。

※一種名為「Glupearl 19S」的特殊成分。現在已經不使用。

手VS化妝棉

塗化妝水時使用哪一種好？

手

原因 1

和肌膚性質愈不同的素材摩擦或刺激性愈強

和肌膚性質差異愈懸殊的素材，**在接觸時愈會產生靜電**，對肌膚造成摩擦或刺激。手本身就是肌膚，所以完全不帶靜電，可令人安心。化妝棉是不易帶靜電的纖維，所以基本上刺激性非常低，但在相同素材這點上就略遜一籌。

原因 2

化妝水會被化妝棉吸走一大半

如果讓化妝棉吸附化妝水，化妝水大半都被化妝棉吸收了。這樣就得消耗更多的化妝水。**以CP值來說，絕對是用手塗抹才是正解**。

邁向美肌的保養訣竅

化妝棉雖然是優良素材，但對肌膚而言，手才絕對可以放心

將化妝水倒在化妝棉上就會不斷滲入，**幾乎都被化妝棉吸走了**。單純覺得這樣很浪費，所以用手塗抹會比較好。

此外，**化學構造與肌膚相差愈懸殊的素材**，接觸肌膚時愈會產生強勁的「靜電」，形成摩擦或刺激。我們在所到之處經常不自覺地接觸到靜電，但這種渾然未察的微弱靜電若是不斷累積，也是會造成傷害的。

化妝棉是和肌膚構造比較接近且溫和的素材，但還是贏不過手這種真正的肌膚。**畢竟同樣都是肌膚，就不會帶有靜電**。

有鑑於此，這次是由手勝出，不過浴巾或貼身衣物等**會接觸肌膚的東西則建議選擇棉製品**。天然素材大多與肌膚構造相近，羊毛和絲綢也是良好的素材。聚酯纖維或壓克力纖維則會造成刺激，請多留意！

洗臉要以冷水作結VS直到最後都用溫水

哪種做法好？

以冷水作結

原因1

防止因「蒸發熱」而造成肌膚的水分蒸發

要洗除皮膚的髒汙，以**37～40℃左右的溫水**洗臉才是正解。但是建議最後**往臉上潑幾秒鐘的「冷水」**。

肌膚只要溫度一升高就會試圖將「熱能」往外釋放（＝蒸發熱）。肌膚的「水分」會在此時與熱能一同發散，因此肌膚溫度升高就很容易乾燥。洗臉以潑冷水作結即**可預防乾燥**。

邁向美肌的保養訣竅

在洗臉的最後步驟潑冷水，是為了預防乾燥而非緊緻毛孔

肌膚只要溫度一升高就會試圖向外散熱。這時「水分」也會隨著這種「蒸發熱」而一起蒸發，導致肌膚乾燥。當肌膚溫度升高時，**不妨在最後加以冷卻來避免蒸發熱的發生，藉此預防乾燥**。

臉部髒汙用水難以洗除，因此先**以37～40℃左右的溫水來洗臉**。最後再迅速潑些冷水。**潑個5秒鐘就很夠了**。

此外，有些人會為了緊緻毛孔而往臉上潑冷水，但是緊縮效果僅限於當下，所以若是為了這個目的而潑冷水沒有太大的意義。

似乎還**有一種美容法是交互潑冷水與溫水**，目的同樣是為了緊緻毛孔。然而交感神經與副交感神經多次切換，很可能會導致自律神經失調，因此不推薦此法。

一般防曬品vs抗長波UVA的防曬品

選擇哪一種好？

一般的防曬品

邁向美肌的保養訣竅

長波UVA的危害性尚未得到證實！防禦成分帶來的肌膚刺激反倒更可怕

最近經常聽到「連長波UVA也能阻擋！」這類型的防曬品。在造成皺紋與鬆弛的「UVA」中，波長最長的光線就是**「長波UVA」**。由於波長較長的光線可以傳至肌膚更深層，因此才會呼籲其危險性。

然而，其波長實在太長而**能量微弱，可認定為無法對肌膚細胞造成傷害**。

此外，連長波UVA都能阻擋的成分中，有不少會造成刺激的物質，這點也令人憂心。最具代表性的例子就是「丁基甲氧基二苯甲醯基甲烷（阿伏苯宗）」，這類成分刺激性極強，最近很少使用。

比起風險尚未獲得證實的長波UVA，對肌膚來說，這種刺激成分更令人擔憂。防曬品只要**檢視最基礎的SPF與PA**即可。

原因1

長波UVA不會傷害細胞

「長波UVA」是造成皺紋與鬆弛的UVA中，波長最長的光線，但是因為波長過長而能量較弱，**對肌膚細胞的傷害基本上可視為無**。

原因2

連長波UVA都能阻擋的成分刺激性很強

可以吸收長波UVA（波長較長的光線）的紫外線吸收劑，在化學上的穩定性差，**對皮膚的刺激性往往較強**。對敏感肌的人而言，這種刺激造成的負擔比長波UVA來得大！

日本美妝品VS國外美妝品

選擇哪一種好？

日本美妝品

原因 1

國外的美妝品刺激性比日本製品還強

不僅歐美，中國與韓國等大陸國家皆以硬水為主，因此肌膚強韌的人種較多。國外美妝品所用的處方很多都比日本製的還強效，**對肌膚敏感的日本人來說，很容易形成刺激**。

原因 2

歐洲特有的天然派美妝品也可能成為肌膚大敵

歐洲數十年來都沒有開發出新的彩妝保養品成分，**盡是舊有的成分**。相對的，使用「有機植物」製成的有機美妝品則相當豐富，但是無農藥的植物卻會釋放可自保的毒素。

邁向美肌的保養訣竅

日本人的肌膚很敏感。國外的強效彩妝保養品或卓越的有機美妝品會造成刺激

有別於硬水居多的歐美以及陸地相連的亞洲諸國，習慣軟水的日本人的肌膚並未受過鍛鍊，皮膚薄而敏感。國外美妝品**有很多商品對日本人而言刺激性太強**。

此外，歐洲禁止以「動物實驗」來測試新彩妝保養品的成分。因此新品開發停滯已久，**只能使用數十年前製成且刺激性強烈的界面活性劑**。

相對的，「有機美妝品」則相當盛行。日本的有機美妝品在定義上十分模糊，但在歐洲則定義為：調配的所有植物原料皆須為「有機栽培」。然而，**另一種說法則認為，植物若以無農藥栽培，就會分泌自保的毒素來防禦外敵，反而會增強美妝品的毒性**。

植物原料本來就容易伴隨著刺激，偏偏歐洲的有機美妝品又是有機栽培。說不定日本規定不嚴的有機美妝品，風險還比較低。

結語

彩妝保養品絕對不是什麼蘊藏神祕力量的魔法藥。

彩妝保養品全是化學成分的複合物，任何作用中必然存在科學性的機轉。只要試著認真正視這種機轉，就能漸漸看清這些彩妝保養品的本質，例如大家一直以為是優質的東西其實並沒那麼好，反而是受盡嫌棄的東西完全沒問題等等。

「添加了什麼？會產生什麼樣的反應？一概不知。」

現代大半數的女性，都是在這種狀態下使用彩妝保養品。雖然我不會全盤否定憑感覺選購彩妝保養品的行為，但是我經常會想，還是盡量試著多少關心一下成分等應該比較好吧。畢竟是把來路不明的東西塗在肌膚上，這種狀況下肌膚不變粗糙，反而令人感到不可思議。

人的肌膚原本就是自成體系運作的器官。但是現代卻有多不勝數的消費者被媒體的資訊愚弄，以為「不使用彩妝保養品的話，肌膚會完蛋」。實際上，彩妝保養品不過是輔助肌膚機能的道具而已，只要最低限度地補充不足之物就夠了。

儘管如此，有些商品具有削磨、剝離，甚至是溶解的作用，完全不為肌膚著想卻博得高人氣，這種實態也屢見不鮮。使用這類商品摧殘肌膚，也要數年或數十年後才知道後悔了……。

在大家感嘆「真希望早點知道這些！」之前，本書《卸妝也不怕！打造正素顏的美肌圖鑑》若能幫得上忙，我會深感榮幸。

2017年6月吉日　**かずのすけ**

日文版STAFF

插圖 ………………………… つぼゆり／川杉早希
裝幀・內文設計 …………… 野村友美（mom design）
架構 ………………………… 粕谷久美子
校正 ………………………… 深澤晴彥
編輯 ………………………… 野秋真紀子（ヴュー企画）
編輯統籌 ………………………… 吉本光里（ワニブックス）

OTONA JYOSHI NO TAMENO BIHADA ZUKAN
© KAZUNOSUKE 2017
Originally published in Japan in 2017 by WANI BOOKS CO., LTD
Chinese translation rights arranged through TOHAN CORPORATION, TOKYO.

卸妝也不怕！打造正素顏的
美肌圖鑑

2018年8月1日初版第一刷發行

著　　者　かずのすけ
譯　　者　童小芳
副 主 編　陳正芳
發 行 人　齋木祥行
發 行 所　台灣東販股份有限公司
＜地址＞台北市南京東路4段130號2F-1
＜電話＞(02)2577-8878
＜傳真＞(02)2577-8896
＜網址＞http://www.tohan.com.tw
郵撥帳號　1405049-4
法律顧問　蕭雄淋律師
總 經 銷　聯合發行股份有限公司
＜電話＞(02)2917-8022
香港總代理　萬里機構出版有限公司
＜電話＞2564-7511
＜傳真＞2565-5539

國家圖書館出版品預行編目資料

卸妝也不怕！打造正素顏的美肌圖鑑 /
かずのすけ著；童小芳譯. -- 初版.
-- 臺北市：臺灣東販, 2018.08
232面；14.2×21公分
ISBN 978-986-475-745-9 (平裝)

1.化妝品 2.皮膚美容學

425.4　　107010658